松辽流域水资源保护系列丛书（五）

嫩江流域典型区水生态风险监控系统研究

王 宏 主审

张静波 郑国臣 昌 盛等 著

科学出版社

北 京

内 容 简 介

　　基于嫩江流域典型区域水生态调查，通过嫩江上游典型区域水生态风险评价、预警与决策，实现对嫩江上游风险源的解析，加强对嫩江流域中游的尼尔基水库的监控，降低社会经济发展对尼尔基水库及其上游地区造成的水生态风险，从而改善尼尔基水库水质恶化现状，提出合理的嫩江流域示范区的水生态风险管理方案，为实现流域水生态系统管理的智能化、信息化、数字化监控提供技术支撑。

　　本书可供生态水利领域从事水生态文明建设研究等的科研人员及管理人员参阅，并可用作大专院校有关专业教师、研究生的参考书。

图书在版编目（CIP）数据

嫩江流域典型区水生态风险监控系统研究 /张静波等著. —北京：科学出版社，2016.6

松辽流域水资源保护系列丛书（五）

ISBN 978-7-03-049024-7

Ⅰ.①嫩…　Ⅱ.①张…　Ⅲ.①嫩江-流域-水环境–生态环境–环境管理–研究　Ⅳ.①X143

中国版本图书馆 CIP 数据核字（2016）第 141783 号

责任编辑：张　震　孟莹莹/责任校对：彭　涛
责任印制：张　倩/封面设计：无极书装

科学出版社 出版

北京东黄城根北街 16 号
邮政编码：100717
http://www.sciencep.com

北京通州皇家印刷厂 印刷

科学出版社发行　各地新华书店经销
＊

2016 年 6 月第　一　版　　开本：720×1000　1/16
2016 年 6 月第一次印刷　　印张：15 3/4　插页：5
字数：280 000

定价：**99.00** 元
（如有印装质量问题，我社负责调换）

作者委员会

主　审：
　　王　宏　（松辽流域水资源保护局）

主　任：
　　张静波　（松辽流域水资源保护局）
　　郑国臣　（松辽流域水资源保护局）

副主任：
　　昌　盛　（环境基准与风险评估国家重点实验室，中
　　　　　　国环境科学研究院）
　　侯炳江　（黑龙江省水文局）
　　董晶颢　（哈尔滨理工大学化学与环境工程学院）

参加写作人员：
　　李　梅　（江西省水文局）
　　钱　宁　（松辽流域水资源保护局）
　　张继民　（松辽流域水资源保护局）
　　蔡　宇　（松辽流域水资源保护局）
　　周绪申　（水利部海河水利委员会海河流域水环境监
　　　　　　测中心）
　　刘仕博　（松辽流域水资源保护局）
　　刘洪超　（松辽流域水资源保护局）

前　言

流域是人类文明的摇篮，是国民经济和区域经济持续发展的空间载体。随着我国工农业的快速发展，大量污水被排入水体，导致流域中的水质急剧恶化。水污染事故频发，并且呈现持续时间越来越长、水生态风险越来越严重的趋势，已经严重威胁到我国经济的可持续发展。为了从根本上改善水生态安全，保证各类基础信息的全面可靠和生物多样性变化趋势的准确判断，需要建立水生态风险监控、评估与预警技术体系，这也是各项水生态文明建设顺利实施的基础。因此，系统开展流域水生态风险评估与预警技术研究，构建水生态风险监控系统，并进行流域示范区应用势在必行。

嫩江是松花江流域最大的支流。嫩江水生态风险监控对于维护流域生态系统功能、加强流域生态系统管理、保障流域的生态安全具有重要的现实意义。基于嫩江典型区域（尼尔基水库及其上游区）水生态现状调查，进行水生态风险评估、预警与决策，实现对嫩江上游风险源的解析，降低社会经济发展对尼尔基水库及其上游地区的水生态风险，提出合理的嫩江流域示范区的水生态风险管理方案，为流域水生态风险管理提供技术支撑，也为实现流域水生态系统管理的数字化、智能化、信息化监控提供技术支撑。

尼尔基水库位于黑龙江省与内蒙古自治区交界的嫩江干流的中游，在嫩江水生态风险监控中具有承上启下的重要作用。尼尔基水库以防洪、城镇生活供水和工农业供水为主，结合发电、改善下游航运和水环境的作用，具有独特的环境特征和重要的生态服务功能。经前期研究，由于受到人类活动影响，尼尔基水库出现了水生态环境退化等问题，水生生物多样性正受到严重威胁。尼尔基水库有明显的结冰期、封冻期和解封期，冰封期可达 4～6 个月。近年来，作为重要粮食基地，有大量污染物质尤其是营养盐从嫩江进入尼尔基库区，使得库区富营养化呈现日益加剧趋势。因此，以尼尔基水库作为嫩江流域的典型示范区，开展水库生态风险监控，识别尼尔基水库的水质特征，遴选特征污染源，构建优控污染物清单，监控库区中水生生物在汛期、非汛期的不同特点，为嫩江流域水生态风险管理起到示范作用。

本书总结了水利部 948 项目"水生态风险监控系统技术引进"的研究成果，针对嫩江流域水资源保护工作中亟待解决的重点、热点问题，从流域的整体性角度，基于松辽流域水资源保护局及相关单位近年的实践，系统地论述了嫩江流域水生态风险监控平台的建设、预警技术方法及应用研究。在嫩江流域典型区域水功能区水质分析的基础上，通过嫩江流域水环境及水生态的现状调查，引进匈牙利的 DF 活体浮游植物及生态环境动态监测系统，消化吸收后，实现基于手机 App 尼尔基水库浮游植物动态监测，完善点源以及面源污染的水质-水生态监测技术，开展嫩江流域典型区域水生态风险源解析，制定尼尔基水库生态风险评估指标体系，融合嫩江流域典型示范区水生态风险预警决策研究，构建嫩江流域典型示范区水生态风险监控系统。

本书共 9 章，由张静波、郑国臣统稿，昌盛、侯炳江、董晶颢主笔。每章的具体内容及分工如下：

第 1 章绪论由张静波、郑国臣撰写；

第 2 章嫩江流域水环境现状评价由张继民、钱宁、郑国臣撰写；

第 3 章尼尔基水库浮游植物动态监测系统研究由李梅、蔡宇、周绪申撰写；

第 4 章嫩江典型区水生态监测与评价由昌盛、董晶颢、刘洪超、周绪申撰写；

第 5 章嫩江典型区域优控污染物清单解析由张静波、昌盛撰写；

第 6 章尼尔基水库生态风险评估指标体系研究由侯炳江、刘洪超撰写；

第 7 章嫩江典型区域入河排污口优化管理由张继民、侯炳江、钱宁撰写；

第 8 章嫩江流域典型示范区水生态风险预警决策由李梅、昌盛、董晶颢撰写；

第 9 章基于手机 App 嫩江流域典型示范区水生态风险监控系统由蔡宇、刘仕博撰写。

作者在收集大量相关的学术著作、期刊文献、报告年鉴等资料的基础上，从国内外水生态风险监控及评估实践中得到启示，梳理嫩江流域水生态保护工作中亟待解决的问题，构建嫩江流域典型区域水生态风险监控系统。在开展相关技术研究的过程中，重视现场调研与试点应用，结合调研和试点结果对理论研究成果不断完善，提高研究成果的实用性。本书是对近年来松辽流域水资源保护局与相关协作单位开展的有关项目成果的集成与凝练，各章节有大量的调研与实测结果，包括对技术要点的论证和阐释，也包括应用研究成果的展示。

本书得到中国科学院地理科学与资源研究所李怀博士的帮助；东北林业大学植物学院王英伟老师以及孙珑、张新荟等硕士研究生为本书的完成也做了大量而烦琐的工作；并得到了部分专家、学者和管理人员的宝贵建议。特别指出的是，本书得到水利部 948 项目"水生态风险监控系统技术引进"（201416）、国家自然基金项目（51508539）的支持。由于作者水平有限，书中谬误在所难免，望广大读者给予批评指正。

作 者

2016 年 3 月

目　　录

1

绪　论

生态环境是一切生命有机体生存的载体和能量的供应者，是由生物群落及非生物自然因素组成的各种生态系统所构成的综合整体。我国经济的快速增长，对生态环境构成潜在的威胁，致使生态质量下降，制约着社会和经济的可持续发展（高俊峰和许妍，2012；王黎，2014）。流域水生态风险监控显示了两个特性，即监测评价指标体系的属地性和结果的不确定性（Suter，2014；周军英等，2012）。最新研究表明，江河湖库中均检测到持久性有毒有机污染物（PTS）的存在，毒性很难降解，并通过环境介质长距离迁移，长期滞留在水环境中，严重威胁饮用水源的安全，由此引发的生态风险监控措施亟待加强。

1.1　相关概念

1.1.1　风险、环境风险与生态风险

1.1.1.1　风险

风险的定义最初出现于 1901 年美国 A. M. 威利特所著的《风险与保险的经济理论》："风险是关于不愿意发生的事情发生的不确定性的客观体现。"风险通常采用风险值来衡量，其定义为"风险值指在一定时期产生有害事件的概率与有害事件后果的乘积"。可见，风险的性质就是有害的、意外的、无处不在的、不确定的。

1.1.1.2　环境风险与生态风险

美国与欧盟对环境风险与生态风险的界定不同。美国把环境风险与生态风险等同，而欧盟认为生态风险属于环境风险的范畴。环境风险是指人们在建设、生产和生活过程中，所遭遇的突发性事故（一般不包括自然灾害和不测事件）对环境的危害程度。因此，环境风险包括人群风险、设施风险和生态风险。

1.1.2　生态风险监控

生态风险监控是风险管理决策的前提和基础，风险监控是为风险管理服务的。生态风险监控为生态风险管理决策提供基础信息数据，通过定量化风险值，风险管理者可以明确管理对象和管理的优先顺序，可初步确定风险事故影响的

范围、程度，在此基础上采取合理的措施，降低风险度，同时考虑消减风险的费用和效益，防患于未然，把经济损失和人身损害降到最低（郑丙辉等，2016；傅德黔，2013）。

1.2 流域生态风险监控与管理

1.2.1 流域生态风险管理的内容

风险管理包括风险监控、风险评估、风险决策等，需要对风险评估中提出的各种方法进行判断和选择，最后提出风险控制和处理的办法。风险监控与风险评估是为风险决策提供必要的信息资料和决策依据，以帮助决策者能够做出科学、合理的风险管理决策。在流域的划分、受体的选择、主要风险源的确定、评价终点的选择以及流域和风险源等级划分过程中，均存在不确定因素。只有对不确定性进行定量分析，了解风险评估结果的不确定程度，决策者才能够提出科学有效的风险管理对策（宋乾武和代晋国，2009；王德高和王莹，2015）。然而，目前研究大多采用已知污染物为切入点，通过统计分析直接把毒性效应归咎于已知污染物，而没有对流域特征污染物进行筛选及优先排序，缺乏选择某些新型污染物作为研究对象的依据，从而降低了风险管理的可靠性。

1.2.2 流域生态风险监控的特征及内容

监控是融合了监测、监视与控制一体化的过程，即采用各种手段与技术直接获得现场的各种信息并根据信息进行控制，而监控技术具有智能化、信息化特性（周永柏，2012；沈大军等，2013）。水生态风险监控的基本特征是不确定性，不确定性的定量化处理是风险监控的关键技术问题。各种外推过程的不确定性，包括物种间外推、实验室向野外外推、高剂量向低剂量外推等，都需要准确的定量表达，但由于某些过程的机理不甚清楚，外推模型本身还存在很多不确定性，解决这些不确定性问题，并实现定量表达，是今后生态风险监控系统研究的重要方向（任景明，2013）。

水生态风险监控的最终目的是为决策管理提供科学依据。流域生态风险监控具有多风险因子、多风险受体、多评价终点、强调不确定性因素以及空间异质性等典型特点。虽然许多国家和组织制定了生态风险管理办法或法规制度，但多数没有考虑水风险监控技术的顶层设计。嫩江流域水生态风险监控的关键是水生态系统现状调查与评价，对嫩江流域潜在的风险源进行调查，调查其组分的风险源、预测风险概率及其可能的负面效应，形成统一规范的流域生态风险监控指标体系。

1.3　水生态风险监控研究现状

1.3.1　国内研究进展

　　与先进国家的生态风险监控水平相比，我国流域生态风险监控水平不高，在较大尺度的河流中应用滞后，缺乏先进的生态监控系统。我国地表水监测项目现有 109 项，还没有达到一个项目一个国家标准分析方法的要求，特别是 80 种选测指标（如联苯胺、多氯联苯、黄磷等）还没有国家标准。我国水体 68 种优先控制污染物，除水环境质量标准中已包含的指标外，其他项目还没有国家标准方法。

　　流域生态风险监控是以湖泊、河流及其流域为整体单元对自然生态环境及社会经济发展进行的综合监控，较传统的以行政区为单元的研究思路更有利于流域生态环境的综合保护与管理。其研究内容主要包含两方面：①从湖泊、河流自身出发，研究水体的污染物及重金属浓度，以此判断水体风险的大小；②对环湖带、河滨带内人类活动与自然灾害等外界胁迫对湖泊、河流水质的影响进行研究，两者均以水质变化为生态终点的一种潜在风险监控。目前，已经开展嫩江流域的水生生物监测，没有针对生态系统结构、功能状态开展调查，不能全面描述生态系统状态（中国环境科学研究院，2012；中国环境监测总站，2014）。

　　随着计算机和信息技术的发展，一些计算机技术相继被应用到监控系统中，使得监控系统更加完善。水生态系统随时都在承受着各种压力，在一定压力内，系统具有自我维持和自我调节的功能，保持相对稳定的状态，但超过这个阈值，系统可能会发生质的变化甚至导致系统崩溃。大量的数学模型应用到生态监控系统中，使得原来只能定性说明的问题量化，研究的结果更有说服力。但是，由于现在体制和数据的不健全，建立的预警模型还存在一定的缺陷，所以还应不断地对预警系统进行修正优化，用来解决数据缺失情况下流域主要入湖河流不同时空尺度下总氮、总磷污染负荷估算问题（盛虎和郭怀成，2015；赵小强和程文，2012）。

1.3.2　国外研究进展

　　一些发达国家，如美国、欧盟和日本分别制订了各自的水环境持久性有毒污染物名单，并纳入常规监测或年度监测。美国、加拿大以及欧盟都有详细的利用不同生物进行直接毒性评价的导则，并有相应的毒性判断标准，如藻类毒性实验、细菌类毒性实验、原生动物类毒性实验、蚤类毒性实验、鱼类毒性实验及群落毒性实验等。随着地理信息系统、遥感等信息技术的快速发展，区域生态风险评估的概念模型与评估方法不断完善，风险源研究已由化学污染物逐步向非化学污染物，如土地利用、生物入侵等复合风险源扩展，评估范围也由小尺度区域向流域、景观等大尺度范围扩大。

美国是最早进行生态风险评估的国家,美国国家环境保护局(USEPA)制定了评估框架,主要包括问题形成、分析、风险表征三个阶段(中华人民共和国水利部,2009)。问题形成阶段是生态风险评估的第一阶段,在该阶段风险的评估者、管理者以及相关的当事人会为了实现管理目标和评估目标协调一致,制定规划以及提供有助于评估工作的可用资源;第二阶段为分析阶段,这一阶段归纳了生态暴露以及压力与生态效应的关系,具体包括暴露表征和生态效应表征两部分内容;风险表征是生态风险评估的最后阶段,其目标是使用分析阶段的结果估计在问题形成阶段中分析计划里所确认的评估终点究竟面临多少风险,并解释风险评估,最后报告结果,给出明确信息。

USEPA 主要监测项目包括:①常规项目,水体中的常规项目通常指在水体中分布广、浓度高、普遍存在的化学成分以及水质特性项目;②有毒有害成分,在水体中,有毒有害成分指分布范围广、浓度低、急性毒性大、易被水生生物富集,且较稳定的化学成分;③优先控制的污染物,在水体中,USEPA公布废水中 129 种优先控制的污染物。美国是根据风险评估的结果决定堆放点是否列入国家清理有害废弃物堆放点优先清单,有效地清除了许多美国国内遗留多年及新产生的危害较大的废弃物堆放点(杨霓云和王宏,2012;滕彦国等,2014)。

在 USEPA 框架基础上,加拿大综合了生态环境影响评估方法,提出污染对生态环境产生影响的评估框架。英国风险评估框架是依据可持续发展的目标制定的,提出了"预防为主"的原则,更加重视风险感知作用,如果存在重大环境风险,即使目前的科学证据并不充分,也必须采取行动预防和减缓潜在的危害行为。荷兰风险管理框架创新之处在于应用阈值来表示个体、种群、群落、生态系统等不同水平承受的风险临界值。澳大利亚国家环境保护委员会在颁布的化学污染土壤的生态风险评估框架中,强调定性与定量相结合的方法,通过风险忍受性、风险得失及风险的可接受程度来确定主要风险,是目前最好的评估框架之一。日本在参照一般风险评估基础上重点考虑了研究者、风险评估者、风险管理者、消费者之间的风险交流(赵俊三等,2011;付青和郑丙辉,2013)。

1.4 嫩江流域水生态风险监控需求分析

1.4.1 嫩江流域水生态风险监控存在的问题

目前,多数生态风险监控的结果偏重于定性的描述,缺少合理的定量化表征和对未来变化的预警功能;大多生态风险监控系统都是针对单一生态受体、单个暴露源和单一暴露途径,针对多受体、多应力作用下的复合风险表征模型和方法亟待进一步的发展；针对非毒性风险源的水生态风险监控不够充分。因此，在进行生态风险评估理论研究的同时，应该加强生态风险动态监控的研究，以实现流域水生态监控系统、水质自动站信息共享，动态监测藻类与富营养化指标的多元回归统计分析等技术相融合（赵小强和程文，2012）。认识和揭示化学污染物在生态环境介质中的变化过程及其毒性效应的内在规律，建立生态风险早期诊断技术，是预防和控制污染物生态风险的重要科学问题，也是流域生态保护的重大战略需求（王晓蓉，2013）。

1.4.2　嫩江流域水生态风险监控框架设计

嫩江流域水生态系统维持和发展的因素及相互之间的关系较为复杂，且尺度越大，不同生态系统本身内部的结构与过程差异越大，导致嫩江流域生态风险监控系统与外界环境紧密联系。以"水质分析-水生态监测-预警动态监控平台"为主线，基于对事故物质、事故现象、特征污染物分布若干理论、方法与关键技术的研究，建立相关数值模式和动态监控平台，进而形成危险化学品事故全过程多源信息的监控预警方法（徐富春等，2015；刘载文等，2013）。在污染源、风险区位及流域风险布局等基础调查评估基础上，分析整合嫩江流域各种技术资源，完善监控网络布局方案，构建嫩江流域典型区域水生态监测信息库，提出相应措施及管理方案，进而促进嫩江流域水生态风险监控的有效实施。

1.5　本书主要的研究内容

1.5.1　项目来源

本书的主要内容是在总结水利部 948 项目"水生态风险监控系统技术引进"（201416）的基础上，针对嫩江流域水资源保护工作中亟待解决的重点、热点问题，从流域的整体性角度，结合松辽流域水资源保护局及相关单位近年的实践，系统地论述了嫩江流域水生态风险监控平台的建设、预警技术方法及应用研究。在嫩江流域典型区域水功能区水质分析的基础上，通过嫩江流域水环境及水生态的现状调查，引进匈牙利的 DF 活体浮游植物及生态环境动态监测系统，实现基于手机 App 尼尔基水库浮游植物动态监测，完善当前点源以及面源污染的水质-水生态监测技术，开展嫩江流域典型区域水生态风险源解析，制定尼尔基水库生态风险评估指标体系，融合嫩江流域典型示范区水生态风险预警决策研究，构建嫩江流域典型示范区水生态风险监控系统。

1.5.2　本书的主体内容

1.5.2.1　嫩江流域典型区域水质状况调查与分析

对嫩江上游河流和嫩江中游（尼尔基水库）开展水质监测工作，其中，嫩江上游包括嫩江上游干流（石灰窑-繁荣新村）、嫩江支流（欧肯河、多布库尔河、门鲁河、科洛河以及甘河），分期（汛期与非汛期）、分类（常规监测项目以及典型污染物）监测，并对监测结果采用单因子评价法，得到嫩江流域典型区域汛期与非汛期水质评价结果。

1.5.2.2　嫩江典型区域生态动态监测设备运行

引进匈牙利的 DF 活体浮游植物及生态环境动态监测系统后，开展嫩江典型区域浮游植物的监测工作，并对比分析实验室以及现场检测结果，储备嫩江典型区域浮游植物的统计信息，为尼尔基水库水华的风险监控提供技术支撑。

1.5.2.3　嫩江流域典型区域水生生物评价

对汛期与非汛期藻类、浮游动物、底栖动物进行调查，并采用香农-维纳指数计算藻类的多样性，采用 Margalef 指数计算浮游动物的丰富度，采用 BI 生物指数计算底栖动物与水质状况之间的关系，得到嫩江流域典型区域水生生物评价结果。

1.5.2.4　嫩江流域典型区域优控污染物清单解析

以嫩江流域典型区域水生态风险评估结果为基础，分析尼尔基水库水生态风险来源，通过时间序列分析研究尼尔基水库水质状况，判断尼尔基水库水生态风险胁迫因子，通过对上游不同断面的浓度进行分析，最终确定尼尔基水库的优控污染物清单。

1.5.2.5　尼尔基水库水生态风险评估指标体系

根据建立评价体系的基础依据和基本原则，将区域生态风险评估的各项分指数构筑成一个树状层次结构，分为四层：目标层、类别层、要素层和指标层。对尼尔基水库生态风险评估进行具体的定性和定量分析。

1.5.2.6　嫩江流域典型区域排污口优化管理

尼尔基水库上游地区排污口较多，分布在干流、支流上，排放量较大的排污口如甘河上的加格达奇区排污口，距水库较近的如嫩江县排污口等对尼尔基水库水生态风险产生较大影响。对嫩江流域典型区域排污口进行优化管理，以期有效改善嫩江流域典型区域水环境、保护水资源并合理促进水资源可持续利用。

1.5.2.7　嫩江流域典型示范区水生态风险预警决策

依据水质变化的结果,结合监控评价指标体系对尼尔基水库的水生态风险情况进行预警,从而实现贝叶斯网络模型的预警功能。在决策部分采用的是系统动力学模型,从控制反馈的角度出发,构建 COD、氨氮、总磷、总氮、有毒物质 5 个水质指标的上游来水、支流汇入、沿江排污、非点源汇入成因,以及其与嫩江县社会经济发展的联系。

1.5.2.8　基于手机 App 的水生态动态监控系统平台

利用信息通信技术,把互联网和传统方式结合起来,构建基于手机 App 的水生态动态监控系统平台,有效提高工作效率和工作质量,结合现场监测与后台数据统计分析,增加尼尔基水库藻类动态监控系统,提高尼尔基水库动态监测能力。

2

嫩江流域水环境现状评价

针对嫩江流域水资源保护需求，评价 2014 年度嫩江水资源质量现状；重点分析"十二五"（2011～2015 年）期间嫩江干流省界缓冲区水质状况，进而提出嫩江流域水质监测的对策和建议；结合嫩江中游的尼尔基水库的水质情况，从技术角度为嫩江水资源的监督管理提出参考意见。

2.1 嫩江流域水资源质量状况分析

2.1.1 嫩江流域水资源质量状况评价

2014 年度嫩江流域评价河长 5188.7km，水质符合或优于Ⅲ类标准的河长 4566.9km，占评价河长的 88%；劣于Ⅲ类标准的河长 621.8km，占评价河长的 12%。其中Ⅳ类河长 451.5km，占 8.7%；劣Ⅴ类河长 170.3km，占 3.3%。主要超标项目为高锰酸盐指数、五日生化需氧量、氨氮。详细情况见表 2-1。

表 2-1 2014 年嫩江水资源质量状况评价表

水期	评价河长/km	水质分类河长/km					
		Ⅰ类	Ⅱ类	Ⅲ类	Ⅳ类	Ⅴ类	劣Ⅴ类
全年	5188.7	0	1581.7	2985.2	451.5	0	170.3
汛期	5188.7	526.8	857.7	2688.5	1096.5	0	19.2
非汛期	5188.7	0	1875.6	2474.1	783.7	0	55.3

2.1.2 嫩江流域水资源质量汛期状况

汛期评价河长 5188.7km，水质符合或优于Ⅲ类标准的河长 4073km，占评价河长的 78.5%；劣于Ⅲ类标准的河长 1115.7km，占评价河长的 21.5%。其中Ⅳ类河长 1096.5km，占 21.1%；劣Ⅴ类河长 19.2km，占 0.4%。主要超标项目为高锰酸盐指数、化学需氧量、氨氮。

2.1.3 嫩江流域水资源质量非汛期状况

非汛期评价河长 5188.7km，水质符合或优于Ⅲ类标准的河长 4349.7km，占评价河长的 83.8%；劣于Ⅲ类标准的河长 839km，占评价河长的 16.2%。其中Ⅳ类河长 783.7km，占 15.1%；劣Ⅴ类河长 55.3km，占 1.1%。主要超标项目为高锰酸盐指数、五日生化需氧量、化学需氧量。

2.1.4 嫩江流域水资源质量 2010～2014 年情况分析

2010～2014 年，嫩江年度水资源质量状况有所好转，水质符合或优于Ⅲ类标准的河长占比由 2010 年的 56.2%提高到 2014 年的 88.0%，除 2012 年以外，其他年度的非汛期水资源质量均好于汛期，详细情况见图 2-1。

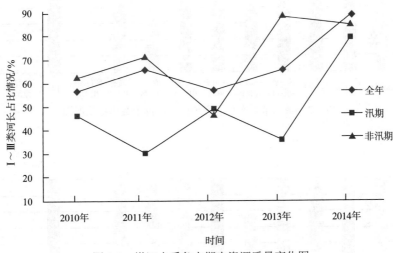

图 2-1 嫩江水系各水期水资源质量变化图

2.2 嫩江流域重要水功能区

2.2.1 嫩江流域重要水功能区全因子状况评价

2011 年，根据国务院关于全国重要江河湖泊水功能区划（2011～2030 年）的批复可知，流域水资源保护管理工作由水环境质量标准管理转变为水功能区目标管理。嫩江流域重要水功能区共 69 个，河长 5201.1km，功能区达标 31 个，达标河长 1562.7km，各占总数的 45%和 30%，主要超标项目为高锰酸盐指数、化学需氧量、五日生化需氧量。一级水功能区 37 个，河长 2950.8km，功能区达标 17 个，达标河长 937.8km，各占总数的 46%和 32%；二级水功能区 32 个，河长 2550.3km，功能区达标 14 个，达标河长 624.9km，各占总数的 44%和 25%。嫩江重要水功能区全因子个数及长度达标状况见图 2-2、图 2-3。

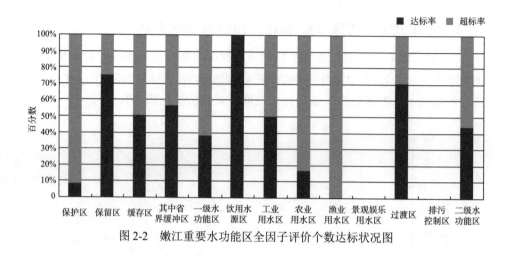

图 2-2　嫩江重要水功能区全因子评价个数达标状况图

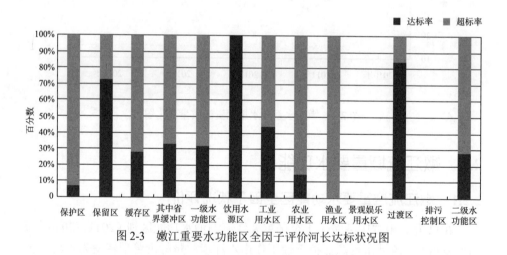

图 2-3　嫩江重要水功能区全因子评价河长达标状况图

2.2.2　嫩江流域重要水功能区双因子状况评价

嫩江重要水功能区 69 个，河长 5201.1km，功能区达标 42 个，达标河长 2231.4km，各占总数的 61% 和 43%，主要超标项目为高锰酸盐指数、氨氮、化学需氧量。一级水功能区 37 个，河长 2950.8km，功能区达标 22 个，达标河长 1048.7km，各占总数的 59% 和 36%；二级水功能区 32 个，河长 2250.3km，功能区达标 20 个，达标河长 1182.7km，各占总数的 63% 和 53%。嫩江重要水功能区双因子评价个数及长度达标状况详见图2-4、图2-5。

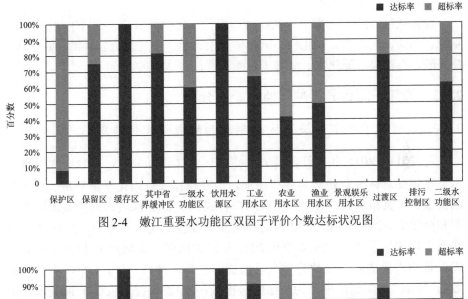

图2-4 嫩江重要水功能区双因子评价个数达标状况图

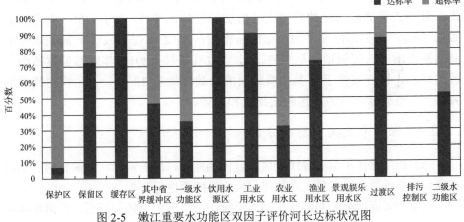

图2-5 嫩江重要水功能区双因子评价河长达标状况图

2.3 嫩江流域干流省界缓冲区

省界缓冲区管理涉及跨省、自治区、直辖市行政区域的涉水行政管理工作，处理上下游、左右岸水事纠纷问题。流域跨省界水资源保护工作主要由水利部、环保部和地方政府共同承担，存在跨区域、跨部门合作等难题。为深入贯彻落实最严格的水资源管理制度和重要水功能区限制纳污制度的有效实施，亟须制定科学、合理、可操作性强的省界缓冲区水资源保护规范，加强省界缓冲区水资源保护监督管理工作。

2.3.1 评价标准、方法及项目

评价标准：《地表水环境质量标准》（GB3838—2002）。

评价方法：单因子评价法。

评价项目：pH、溶解氧、高锰酸盐指数、化学需氧量、五日生化需氧量、氨氮、总磷、铜、锌、氟化物、硒、砷、汞、镉、铬（六价）、铅、氰化物、挥发酚、石油类、硫化物、阴离子表面活性剂共 21 项。

2.3.2 嫩江干流省界缓冲区监测断面分析

2.3.2.1 嫩江干流省界缓冲区监测断面的数量变化情况

对 2011～2015 年嫩江流域省界缓冲区水质进行分析，符合或优于Ⅲ类水质比例的总体变化趋势为逐年增加，主要超标项目为化学需氧量、高锰酸盐指数、氨氮和总磷。其中，在汛期符合或优于Ⅲ类水质的断面数均较非汛期和全年多。2011 年和 2012 年监测断面个数较稳定，为 8 个，2013 年监测断面个数增加了 2 个，2014 年和 2015 年监测断面个数增加至 13 个。符合或优于Ⅲ类的监测断面个数整体上呈增加的趋势，2011 年为 4 个，占总断面数的 50%，主要超标项目为高锰酸盐指数；2012 年符合或优于Ⅲ类水质的监测断面所占的比例增加至 75%，水质改善明显；2014 年随着监测断面个数的增加，符合或优于Ⅲ类水质断面的个数增加至 12 个，占总监测断面的92%，主要超标项目为高锰酸盐指数和总磷。

2.3.2.2 嫩江干流典型断面分析

选取历年嫩江干流省界缓冲区均监测的断面，即石灰窑、繁荣新村、鄂温克族乡、莫呼渡口、江桥、白沙滩、大安等断面进行分析。

石灰窑断面地处石灰窑水文站，系嫩江干流第 1 个控制断面。监测数据可反映嫩江源头来水水质。繁荣新村断面反映尼尔基水库入库水质的同时，与嫩江浮桥断面、柳家屯断面结合，可区分嫩江县城和甘河对嫩江干流的污染情况，根据以上 3 个断面数据是否存在异常来确定污染源的位置，如果嫩江浮桥断面和柳家屯断面都无异常，可判断嫩江县对区间的污染情况。鄂温克族乡断面与拉哈断面结合可判断红光糖厂对嫩江干流的污染情况。莫呼渡口断面与萨马街断面、鄂温克族乡断面、兴鲜断面、大河断面结合可判别齐齐哈尔市对嫩江的污染情况。江桥断面与莫呼渡口断面、绰尔河口断面、原种场断面组合可判别干、支流对嫩江黑蒙缓冲区 3 的污染情况。白沙滩断面与江桥断面结合可判别大庆部分地区及泰来市对嫩江干流的影响。大安断面与白沙滩断面结合可判别

支流洮儿河对嫩江的影响，详细情况见图 2-6（见书后彩图）。

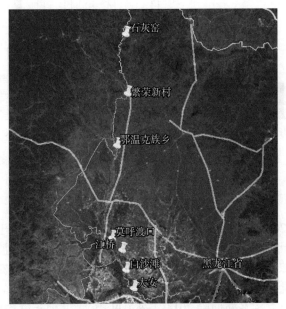

图 2-6　嫩江干流典型省界缓冲区断面分布

2.3.3　非汛期嫩江干流典型省界缓冲区水质的比例变化情况

2.3.3.1　氨氮

在 2011～2015 年的非汛期（1 月），就氨氮质量浓度而言，嫩江干流省界缓冲区符合或优于 III 类水质标准的比例总的变化趋势是逐年增加。石灰窑、繁荣新村、鄂温克族乡 3 个断面的氨氮质量浓度在 2011～2015 年符合 III 类水质标准。莫呼渡口、江桥、白沙滩 3 个断面的氨氮质量浓度除在 2011 年未达到 III 类水质标准外，在 2012～2014 年，水质均较 2011 年明显改善，氨氮质量浓度优于 III 类水质标准，但在 2015 年，白沙滩断面水质有恶化迹象，氨氮质量浓度降为 IV 类水质标准。大安断面的氨氮质量浓度，除 2012 年处于 IV 类水质外，其他年度的非汛期均达到或优于 III 类水质标准，水质状况较稳定。详细情况见图 2-7。

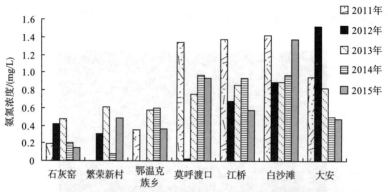

图 2-7 2011～2015 年嫩江干流省界缓冲区非汛期的氨氮浓度变化情况

2.3.3.2 高锰酸盐指数

在 2011～2015 年的非汛期，就高锰酸盐指数而言，嫩江干流省界缓冲区优于Ⅲ类水质比例的总体变化趋势是逐年增加。石灰窑、莫呼渡口两个断面的高锰酸盐质量浓度均为Ⅲ类水质标准。2012～2015 年，繁荣新村、江桥两个断面的高锰酸盐质量浓度明显降低，水质得到一定程度的改善，水体状态优于Ⅲ类水质。鄂温克族乡断面除 2014 年外（Ⅳ类），其他年度均优于Ⅲ类水质，水质状态较好。白沙滩、大安两个断面的高锰酸盐质量浓度略有波动，2011 年和 2014 年为Ⅳ类水质，其他年度基本符合Ⅲ类水质标准。详细情况见图 2-8。

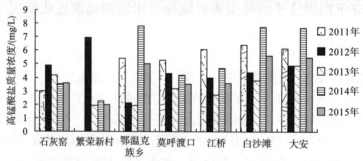

图 2-8 2011～2015 年嫩江干流省界缓冲区非汛期的高锰酸盐指数浓度变化情况

2.3.4 汛期嫩江干流省界缓冲区水质的比例变化情况

2.3.4.1 氨氮

2011～2015 年的汛期（7 月），嫩江干流省界缓冲区水质总体变化趋势明显优于非汛期。石灰窑、繁荣新村、鄂温克族乡、莫呼渡口、白沙滩、大安 6个断面氨氮质量浓度均符合或优于Ⅲ类水质标准。2013 年，江桥断面的氨氮质量浓度较高，水质处于Ⅳ类，其他年度的汛期水质较好，均为符合或优于Ⅲ

类水质。2015 年省界断面的氨氮质量浓度普遍偏低，水质状态良好。详细情况见图 2-9。

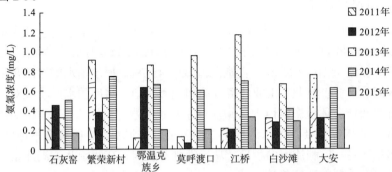

图 2-9　2011～2015 年嫩江干流典型省界缓冲区汛期的氨氮质量浓度变化情况

2.3.4.2　高锰酸盐指数

在 2011～2015 年的汛期（7 月），江桥、大安两个断面的高锰酸盐质量浓度变化幅度较小，水体均处于Ⅲ类水质标准。2011 年，白沙滩断面的高锰酸盐质量浓度为Ⅳ类水质标准，未达到Ⅲ类水质标准。从 2012 年开始，高锰酸盐质量浓度明显降低，水质改善明显，水质虽有小幅度的波动，但均符合Ⅲ类水质标准。2011～2013 年，石灰窑断面的高锰酸盐质量浓度仅为Ⅳ类水质标准，其中，2012 年和 2013 年水质问题较为严重，2014 年和 2015 年，高锰酸盐质量浓度较 2013 年降低近一半，水质明显改善，优于Ⅲ类水质标准。繁荣新村断面除 2012、2015 年外，其他年份高锰酸盐质量浓度优于Ⅲ类水质标准。详细情况见图 2-10。

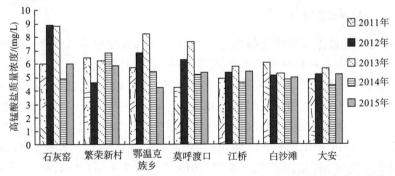

图 2-10　2011～2015 年嫩江干流典型省界缓冲区汛期的高锰酸盐指数变化情况

2.4 尼尔基水库

2.4.1 自然地理概况

尼尔基水库建于 2001 年 6 月，是国家"十五"计划批准建设的大型水利工程，总库容 86.11 亿 m³，相当于 7.3 个镜泊湖，面积 6.64 万 km²，占嫩江 22.4%，多年平均径流量 104.7 亿 m³，占嫩江流域的 45.7%。尼尔基水库库区是我国东北地区商品产业、林业、工业、畜牧业和能源基地，水库的水质状况对库区周围的自然和社会环境影响巨大（嫩江尼尔基水利水电有限责任公司，2014），2013 年进入国家重要饮用水源地第二期名录。尼尔基水库因具有占地面积大、存储水量充足、控制流域面积广、功能性强等优势，在我国北方湖库富营养化评价中具有重要的研究价值。

2.4.2 采样断面布设

依据尼尔基水库现场实际采样，"十二五"期间，即 2011～2015 年，对检测水样得到的数据资料进行分区（库末、库中、坝前）、分期（汛期 5 月、非汛期 8 月）整理，尼尔基水库水质监测范围为尼尔基水库库末至坝下，共布设水质监测断面 3 个，分别为尼尔基水库库末（125°06′20″E、49°07′24″N）、尼尔基水库库中（124°32′56″E、48°35′52″N）、尼尔基水库坝前（124°31′44″E、48°29′37″N）。

本部分主要选取尼尔基水库库末、库中、坝前的 3 个检测断面对其开展"十二五"期间（2011～2015 年）汛期（5 月）和非汛期（8 月）的部分水质指标变化情况进行分析。

2.4.3 尼尔基水库水质分析

2.4.3.1 pH 和溶解氧

pH 是水体最重要的理化指标之一，pH 对水体理化反应具有直接或间接的影响，水环境中各种理化反应都会随着 pH 的变化而变化。相关研究表明，营养盐与 pH 分布有密切关系（霍守亮和席北斗，2014）。在富营养化水体中，溶解氧（DO）与藻类数量有较好的相关性。研究表明，沉积物中营养盐的释放的主要影响因素主要包括 pH、溶解氧及氧化还原电位等。图 2-11 是尼尔基水库 2011～2015 年汛期和非汛期 pH 和溶解氧的变化情况。从图中可以看出，尼尔基水库整体 pH 范围在 7.1～8.37，2013 年 5 月 3 个断面均较高，库末最高，达到 8.26，2014 年尼尔基水库库末 pH 突然增加到 8.37，其余时期各断面基本趋于一致，变化并不十分明显。溶解氧的含量变化也不是特别明显，尼尔基水库库末、库中、坝前的均值分别为 9.071mg/L、9.082mg/L、8.673mg/L，坝前溶解氧含量相对较低。3 个断面整体相对稳定，并且均符合Ⅱ类湖库环境质量标准。

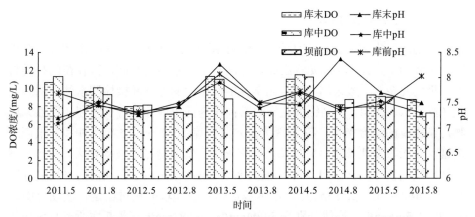

图 2-11　尼尔基水库 2011～2015 年汛期与非汛期 pH 和 DO 变化情况

2.4.3.2　总磷

磷与氮是导致水体富营养化的主要元素，并且磷是大多数藻类生长的主要限制因子（黄怀曾和汪双清，2014）。经济合作发展组织的统计显示，世界上超过 80%的富营养化湖泊属于磷限制型湖泊，基于全国湖泊调查结果，我国绝大多数湖泊也都属于磷控制性湖泊。水体中总磷（TP）含量过高会导致水体富营养化，水质恶化。USEPA 建议总磷浓度 0.025mg/L、正磷酸盐浓度 0.05mg/L 是湖泊和水库的磷浓度上限。图 2-12 为尼尔基水库 2011～2015 年汛期和非汛期总磷的变化情况。尼尔基水库库末的总磷一直高于湖库环境质量标准的Ⅲ类标准湖泊限值（0.05mg/L），均值为 0.126mg/L，并且明显高于其他两个断面。2014 年 5 月 3 个断面的总磷浓度突然大幅增加，并且比较接近，均达到 0.19mg/L，其他年份变化范围均在 0.03～0.20mg/L，总体来看尼尔基水库总磷浓度相对波动较大，但是三个断面总体变化趋势一致。

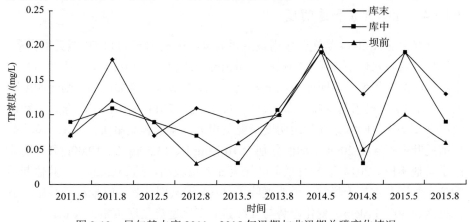

图 2-12　尼尔基水库 2011～2015 年汛期与非汛期总磷变化情况

2.4.3.3 高锰酸盐指数

高锰酸盐指数是评价水体有机物污染程度的重要水质指标，水环境中有机物质主要由 C、H、O 等元素组成，是藻类生长繁殖的基础，其存在的种类与形态极为复杂，一般采用物理、化学及生物化学的方法间接检测水体中的碳含量（黄卫东，2014）。高锰酸盐指数常被作为评价地表水有机物和还原性无机物污染程度的综合指标。图 2-13 为尼尔基水库 2011~2015 年汛期和非汛期的高锰酸盐指数变化情况。尼尔基水库库末的高锰酸盐指数波动较大，2015 年 5月达到最高值 13.150mg/L，平均值为 8.336mg/L，比库中和坝前的平均值分别高出 2.462mg/L、2.585mg/L。尼尔基水库库中和坝前相对稳定，波动范围为4.700~7.760mg/L，均值分别为 5.904mg/L、5.781mg/L，各断面所有月份均超过地表水环境质量标准 Ⅲ 类标准湖库的限值（6mg/L），库末部分月份为 Ⅴ 类水质标准，高锰酸盐指数属于超标项目。

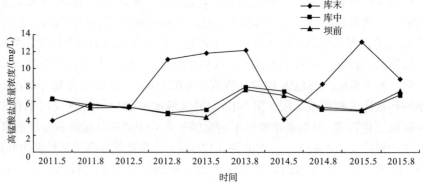

图 2-13　尼尔基水库 2011~2015 年汛期与非汛期高锰酸盐指数变化情况

2.4.3.4 叶绿素 a 和透明度

叶绿素 a（Chl-a）是光合作用最主要的绿色色素，能直接反映藻类生物量，可以作为反映水体中浮游生物量的常用指标（殷福才，2011）。透明度（SD）指水样的澄清程度，透明度与浊度相反，悬浮物增多，藻类增加，则透明度降低。图 2-14 为尼尔基水库（库末、库中、坝前）2011~2015 年叶绿素 a 和透明度含量变化。叶绿素 a 和透明度呈现负相关，符合客观事实。库末、库中、坝前的叶绿素 a 在 2014 年均值分别为 10.75μg/L、13.50μg/L、19.00μg/L，明显高于其他年份。2014 年 8 月坝前叶绿素 a 含量较高，达到 28μg/L，其他断面的各个时期基本趋于稳定。透明度除了 2014 年汛期外其他时期趋于稳定，变化范围在 40~110cm，变化趋势与叶绿素 a 变化趋势呈现负相关关系。

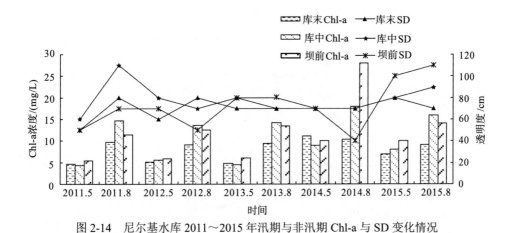

图 2-14　尼尔基水库 2011~2015 年汛期与非汛期 Chl-a 与 SD 变化情况

2.4.3.5　氮元素分析

天然水体中，氮主要有 5 种存在形态，即溶解游离态氮、有机氮化物、氨氮、亚硝酸盐氮及硝酸盐氮。这 5 种形态构成了总氮，其中有机氮化物的性质十分复杂，针对硝酸盐氮、亚硝酸盐氮、氨氮进行分析，氨氮主要来自含氮有机物的分解和水生动物的排泄物，是重要的有机氮源之一（宋关玲和王岩，2015）。研究表明，氨氮是总氮的重要组成成分，两者浓度随季节变化趋势相似；亚硝酸盐氮是介于氨氮和硝酸盐氮的中间过渡形态，含量远低于氨氮和硝酸盐氮；硝酸盐氮是含氮物的最终产物，可以直接被植物吸收（高懋芳，2015）。图 2-15 为尼尔基水库（库末、库中、坝前）2011~2015 年汛期和非汛期总氮（TN）的变化情况。各断面三氮总体变化趋势一致，从单位年来看，在 2014 年波动较大，各断面三氮指标平均增长 1.59 倍，其中，库末硝酸盐氮含量增长高达 5.5 倍，三个断面总氮平均增长 1.29 倍。总体来看，各指标在 2012~2013 年变低，2014 年开始升高，2015 年又呈下降趋势，但是各指标含量也相对较高，部分断面总氮含量已经达到Ⅳ类水标准限值（1mg/L）。库末、库中和坝前三个断面的平均值分别为 0.90mg/L、0.94mg/L 和 0.89mg/L，各断面所有月份总氮含量均超过地表水环境质量标准Ⅲ类标准湖库的限值（0.5mg/L），因此，总氮属于超标项目。

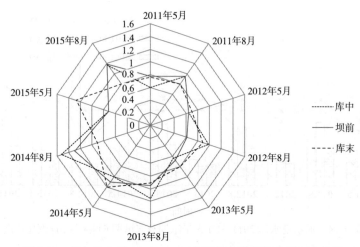

图 2-15　尼尔基水库 2011～2015 年汛期与非汛期总氮变化情况

2.4.3.6　综合营养状态指数

目前我国的湖库富营养化评价方法主要包括综合营养状态指数法、修正营养状态指数法、卡尔森营养状态指数法、评分法以及模糊法等。评分法各个评价因子分级浓度差值较大，而尼尔基水库基本处于中度和轻度富营养状态，分值相差较小，因此该方法不适用。模糊法评价计算比较复杂，评价结果趋于均化。鉴于综合营养状态指数法（TLI）既快捷简便又准确，可以作为尼尔基水库的富营养化评价方法。

图 2-16 为尼尔基水库（库末、库中、坝前）2011～2015 年汛期和非汛期综合营养状态指数的变化情况。2013 年以前，尼尔基水库 3 个断面综合营养状态指数均为 60 以下，处于轻度富营养状态。2014 年，3 个断面综合营养状态指数均出现跃升，由非汛期 56 的左右跃升至汛期的 64 左右，富营养状态由轻度富营养状态转为中度富营养状态，原因是在 2014 年 4～5 月尼尔基水库受到严重的农业污染，在汛期降雨较少，水库水量蒸发导致水中营养盐浓度变大，富营养化情况恶化。2015 年，尼尔基水库水质出现好转，非汛期处于轻度富营养状态，汛期水质处于中营养状态。总体来看，2011～2015 年尼尔基水库的综合营养状态指数一直维持在 50 上下，属于轻度富营养状态，基本进入初期富营养状态。

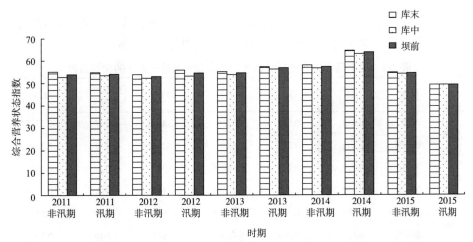

图 2-16　尼尔基水库 2011～2015 年汛期与非汛期综合营养状态指数变化情况

2.4.4　实验结果统计分析

一般认为，当水体中 TN 与 TP 的质量浓度分别超过 0.2mg/L 和 0.02mg/L 时，可能会引起藻类大量繁殖。通常营养物质氮、磷是影响水体富营养化的关键营养元素。尼尔基水库库末、库中以及坝前监测点汛期（6 月、7 月、8 月、9 月）和非汛期（3 月、4 月、5 月、10 月、11 月）的各指标的 Pearson 相关系数及双尾检验结果见表 2-2。$p<0.05$ 表示显著相关，$p<0.01$ 表示极显著相关。结果表明，在尼尔基水库库末汛期，叶绿素 a 与总氮显著正相关，与透明度极显著负相关，符合客观事实，与总磷相关性较低，并且没有显著性，总氮是叶绿素 a 生长的限制因子。而在尼尔基水库库末的非汛期，叶绿素 a 与总氮呈现显著正相关，与总磷呈现极显著正相关，相关系数分别为 0.522 和 0.624，与透明度相关性不显著，总磷和总氮为叶绿素 a 生长的限制因子。

尼尔基水库库中汛期叶绿素 a 与总氮呈现极显著正相关，相关系数为 0.644；与透明度呈显著负相关，相关系数为-0.430；与总磷呈现显著负相关，相关系数为-0.494，表明库中的磷被消耗并得不到补充，叶绿素 a 的生长加剧了总磷的消耗。总磷和总氮为本断面本时期的限制因子，并且总磷为叶绿素 a 生长的主要限制因子。对于非汛期，叶绿素 a 与总氮呈极显著正相关，相关系数为 0.712；与总磷呈显著正相关，相关系数为 0.513；与透明度呈显著负相关，相关系数为-0.472。总氮与总磷为本断面本时期叶绿素 a 生长的主要限制因子。

尼尔基水库坝前汛期叶绿素 a 与总氮呈极显著正相关，相关系数为 0.742；与总磷呈显著正相关，相关系数为 0.565；与透明度呈显著负相关，相关系数为-0.553。总磷和总氮为本断面本时期叶绿素 a 生长的主要限制因子。对于非汛期，叶绿素 a 与总磷和总氮都呈现显著正相关，相关系数分别为 0.420 和 0.481，总氮和总磷为本时期叶绿素 a 生长的主要限制因子。

表 2-2　尼尔基水库各时期叶绿素 a 含量和水体理化因子的相关系数

	时期	pH	DO	TN	TP	高锰酸盐指数	SD
库末	汛期	0.085	−0.146	0.438*	0.349	0.147	−0.772**
	非汛期	0.028	−0.297	0.522*	0.624**	−0.218	−0.320
库中	汛期	−0.277	−0.122	0.644**	−0.494*	−0.321	−0.430*
	非汛期	0.192	0.275	0.712**	0.513*	0.293	−0.472*
坝前	汛期	−0.394	0.487	0.742**	0.565*	−0.280	−0.553*
	非汛期	0.139	−0.064	0.420*	0.481*	0.046	−0.267

注：**表示显著水平为 0.01；*表示显著水平为 0.05。

综合尼尔基水库所有监测点的相关性分析结果表明，叶绿素 a 与透明度整体呈现负相关，总氮和总磷为尼尔基水库叶绿素 a 生长主要限制因子，但是总氮对叶绿素 a 生长起主要作用，另外，在库中汛期总磷与叶绿素 a 呈现负相关，叶绿素 a 的生长加剧了总磷含量的降低，总磷成为了叶绿素 a 生长的最主要限制因子。

2.5　尼尔基水库水质监控对策

2.5.1　尼尔基水库水质监测情况分析

在尼尔基水库水环境现状调查的基础上，研究水库水环境中污染物的含量分布与变化特征，并对造成尼尔基水库水体污染超标的主要污染源进行分析。

对水库在"十二五"期间的理化指标进行分析，结果表明：溶解氧在各断面各时期含量均符合Ⅱ类湖库水质标准；库末总磷含量高于Ⅲ类湖库质量标准，并明显高于其他两个断面，2014 年 3 个断面均达到 0.19mg/L；高锰酸盐指数在各断面各时期均超过地表水环境质量标准Ⅲ类标准湖库的限值，库末的部分月份达到Ⅴ类水标准，高锰酸盐指数属于超标项目；2014 年，叶绿素 a 在尼尔基水库库末、库中、坝前的均值分别为 10.75μg/L、13.50μg/L、19.00μg/L，明显高于其他年份，2014 年 8 月坝前叶绿素 a 含量较高，达到 28μg/L；透明度除了 2014 年汛期外其他时期趋于稳定，变化范围在 40～110cm；各断面三氮总体变化趋势一致，从单位年来看，在 2014 年波动较大，各断面三氮指标平均增长 1.59 倍，其中，库末硝酸盐氮含量增长 5.5 倍，3 个断面总氮平均增长 1.29 倍，各断面所有月份总氮含量均超过地表水环境质量标准Ⅲ类标准湖库的限值，属于超标项目。

对尼尔基水库在"十二五"期间应用综合营养状态指数法进行富营养化评价，结果表明：2010～2014 年，各断面均处于轻度富营养状态；2014 年，3个断面由轻度富营养状态转为中度富营养状态，原因是在 2014 年 4～5 月尼尔基水库受到严重的农业污染，水库水量蒸发导致水中营养盐浓度变大，富营养化情况恶化；2015 年水质出现好转，非汛期水质处于轻度富营养状态，汛期水质处于中营养状态。

对尼尔基水库水华风险指数和污染风险指数进行风险评估，结果表明尼尔基水库的水华风险指数和污染风险指数总体均呈轻度危害。需要对尼尔基饮用水水源地采取减排等风险消减措施，通过选取影响尼尔基水库生态环境的主要指标，建立水库生态风险监测指标体系，确定评价等级及指标权重，对尼尔基水库水生态风险状况进行综合评价。

2.5.2 尼尔基水库水体富营养化对策分析

水体富营养化通常是指由于人类的活动引起的 N、P 等营养元素过量的输入水体，导致藻类异常繁殖，致使水质恶化的现象。由湖泊富营养化引起的蓝藻水华暴发是当今社会频繁发生的环境灾害之一。

富营养化会引起水质的变化，造成水生生态系统结构和功能的变化，表现为水质恶化、水体能见度降低，从而影响水生植物的光合作用，使景观被破坏、蓝藻等水生生物异常大量繁殖、水体溶解氧浓度降低、鱼类等水生动物大量死亡、水体透明度下降、沉积速度增大、厌氧程度提高、生物多样性下降和优势种改变等。

富营养化也会导致水体表面酸化，水体内部温度和溶解性等性质的变化。这种被称为水体"提前老化"的富营养化现象给供水、水利、航运、养殖、旅游以及人类的健康等造成巨大的危害。

引起水体富营养化的氮、磷污染主要有两个来源：外源污染和内源污染。外源污染又分为面源污染和点源污染。水体富营养化过程中农业面源污染起了很大的作用。在农业生产活动中，农田中的泥沙、营养盐、农药及其他污染物，在降水或灌溉过程中，通过农田地表径流、壤中流、农田排水和地下渗漏，进入水体而形成面源污染。这些污染物主要来源于农田施肥、农药、畜禽及水产养殖和农村居民。农业面源污染是最为重要且分布最为广泛的面源污染。农业生产活动中的氮素和磷素等营养物、农药以及其他有机或无机污染物，通过农田地表径流和农田渗漏形成地表和地下水环境污染。近年来尽管人们对农业面源污染认识和治理能力越来越强，但农田养分的投入和农田土壤养分的积累及流失量却在不断增加，农业面源污染所占的比例越来越大，逐渐成为水体富营养化最主要的污染源。农药、化肥、农膜等农用化学物资的大量使用，对促进农业增产、农民增收和解决城市粮食安全问题做出了突出贡献。与此同时，也造成了极其严重的农业面源污染。随着社会经济的发展，面源污染所造成的问题越来越明显。除了农村面源污染外，城市生活也会带来面源污染。城市生活带来的面源污染主要是降雨径流的淋浴和冲刷作用产生的。城市降雨径流主要以合流制形式，通过排水管网排放，径流污染初期作用十分明显。特别是在暴雨初期，由于降雨径流将地表的、沉积在下水管网的污染物在短时间内，突发性冲刷汇入受纳水体，从而造成水体污染。

3

尼尔基水库浮游植物动态
监测系统研究

湖泊中的浮游植物对于水体中碳的新陈代谢起着非常重要的作用，其净生长率是河流生态系统的一个关键因子。动态的环境中，光、温度和营养波动很快，当一个流域的水流汇集到某一区域，在适宜的光照和温度下可以监测到藻类明显的增长，极易造成水华。因此，水华的形成是由活体藻类的大量繁殖引起，并受水体温度、营养盐含量、辐射等环境因素的影响。通过引进匈牙利的DF活体浮游植物及生态环境动态监测系统，开展尼尔基水库浮游植物数量的监测，该系统可精确探测藻类和水华的形成及消亡。

3.1　DF活体浮游植物及生态环境动态监测系统

3.1.1　技术原理

植物由光照条件下转到暗处时也会释放出荧光，这种荧光很微弱，持续时间很长，称为延迟荧光（DF）。延迟荧光由电子逆流导致的点和重组产生，因此，只有具有光合活性的细胞才能产生延迟荧光，即延迟荧光是活细胞光合的专属特性，是光合效率的指示指标。延迟荧光技术可有效屏蔽再悬浮、死的生物和腐殖质对测量精度的干扰，其他荧光测量技术无法实现，对浅水湖或河流能起到决定性的作用，延迟荧光技术逐渐成为水华监测的研究热点。

DF活体浮游植物及生态环境动态监测系统基于延迟荧光技术，可进行延迟荧光两个方面的测量：延迟荧光动力学特征，即延迟荧光的消亡过程；延迟荧光光谱，即随不同激发光源波长的变化。这两个测量方法分别用于测量活体藻类的生物量及组成，系统工作流程如图3-1所示。DF活体浮游植物及生态环境动态监测系统用于动态监测藻类的延迟荧光，并自动记录活的浮游植物光合的生物量和组成，适用于天然浮游植物数量的监测。

结合其他水文、气象与光学等水体生态因子，分析浮游植物的季节变化模式，作为动态变化环境的函数，最终建立随季节而变化的生态因子和浮游植物生长之间的函数关系，可以充分地模拟各种水华的过程，精确探测藻类和水华的形成和消亡，从而达到预防水华发生的目的。

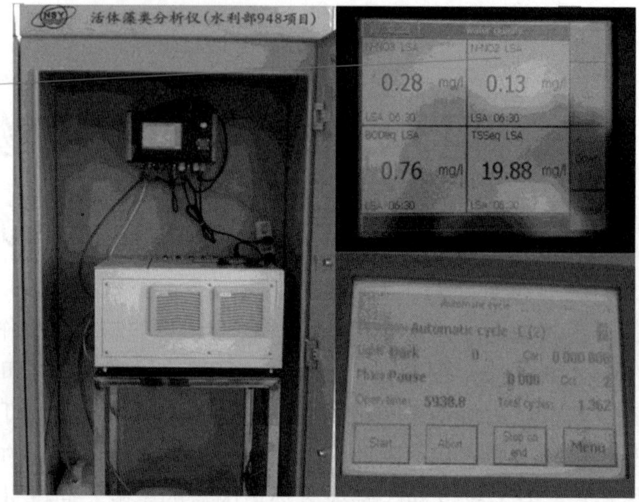

图 3-1　DF 系统仪器及界面

3.1.2　总体性能指标

可测量的水质参数有蓝绿藻（测量范围为 0~10μg/L 或 0~100μg/L；精度为 0.02μg/L）、叶绿素 a（测量范围为 0~10μg/L、0~100μg/L 或 0~500μg/L；精度为 0.02μg）、CDOM（测量范围为 0~20μg/L 或 0~200μg/L；精度为 0.04μg/L）、水中油（测量范围为 0~10μg/L、0~100μg/L、0~500μg/L 或 0~5000μg/L；精度为 0.1μg/L）、水中硫化物（H_2S、pH、水温和水深）、紫外水质（COD、BOD、TOC、硝氮、亚硝氮、浊度）。

可测得的光谱波长范围为 280~500nm（UV）或 320~950nm（UV/VIS）。

3.1.3　常用监测设备的比较

目前，活体浮游植物及生态环境动态监测设备主要有 DF 延迟荧光仪（匈牙利）、phyto-PAM（德国）、BBE 藻类分析仪（德国）。几种设备的性能比较参见表 3-1。

表 3-1　几种浮游植物及生态环境动态监测设备比较

设备	DF 延迟荧光仪	Phyto-PAM	BBE 藻类分析仪
功能	野外在线自动测量	野外便携式测量	野外在线式测量
测量技术	延迟荧光技术，只测量光合活性藻类，排除死亡藻类和腐殖质等的干扰	瞬时荧光技术，易受死亡藻类及其他荧光物质干扰	瞬时荧光技术，易受死亡藻类及其他荧光物质干扰

续表

设备	DF 延迟荧光仪	Phyto-PAM	BBE 藻类分析仪
激发光谱	6 个波长激发光谱，可以更细致更精确地分类监测	4 个波长	5 个波长激发光谱
采样	6～10 次/h 自动采样，可全程自动连续记录水体藻类生物量及生理活性状况、昼夜节律、季节性节律、水华爆发全过程等	人工采样，适于抽样研究，不能记录水华爆发的全过程	自动采样，可全程自动连续记录水体藻类生物量及生理活性状况等
采样泵	有	无	有
藻类分类	4～6 类	3 类	4 类
触摸屏	有	无	无

3.2 浮游植物及生态环境监测设备初步应用

DF 活体浮游植物及生态环境动态监测系统通过研究光合速率、量子效率、延迟荧光强度、叶绿素含量及初级生产量之间的关系，寻找延迟荧光强度与叶绿素含量及初级生产力的关系，并通过浮游植物色素的激发光谱来辨别不同的藻属，计算出不同藻属的浓度。利用光合敏感藻类的时序数据，结合所测得的生态因子参数，分析浮游植物的季节变化模式，作为动态变化环境的函数，因此可以充分预警各种水华的过程。2015 年 5～8 月，在尼尔基水库监测断面进行每月一次的藻类采样，并在实验室内分析其优势种及藻密度。对优势种进行分析，发现优势种主要有直链藻、鱼腥藻、微囊藻、颤藻。对藻密度进行分析，发现其含量水平为低到中等水平，5 月、6 月藻密度含量水平低，8 月达到中等水平。对水华风险进行评估，发现监测期间除 8 月初具水华发生条件外，其余时期均不具水华发生条件。如表 3-2 所示。

表 3-2　室内藻类监测成果

时间	优势种	藻密度/（$\times 10^4$ 个/L）	含量水平	水华风险评估
5 月	直链藻、鱼腥藻	153.2	低等	不具条件
6 月	微囊藻	152.4	低等	不具条件
7 月	微囊藻	222.8	低等	不具条件
8 月	鱼腥藻、直链藻	562.8	中等	初具条件
9 月	颤藻	226.8	低等	不具条件

3.3　DF活体浮游植物及生态环境动态监测设备研究

3.3.1　仪器测定结果与人工计数结果对比

2015年7～10月，采用DF活体浮游植物及生态环境动态监测系统，对尼尔基水库监测藻类生物量及其优势种进行分析，同时与室内取样分析结果进行比对。2015年7～10月监测结果比对分析如表3-3、表3-4所示。

表3-3　系统监测结果

时间	荧光种类						藻类生物量/（mg/L）				Chl-a/（μg/L）	优势种
	SB	B	TG	YG	R	SR	绿藻	硅藻	隐藻	蓝藻		
7月	1316	2018	1589	1154	1338	2065	21.99	9.63	1.55	0.02	14.62	绿藻、硅藻
8月	1142	1702	1290	912	1049	1552	15.55	9.29	0	0	14.91	绿藻、硅藻
9月	906	1505	959	632	727	1089	13.03	9.99	0	0	4.95	绿藻、硅藻
10月	297	453	297	215	230	304	3.12	3.11	0.05	0	4.37	绿藻、硅藻

由表3-4可知，监测系统通过反映光合产物的荧光强度、内置系统的程序分辨并计算出不同藻类的含量。优势藻为绿藻、硅藻。7～10月藻类生物量逐月降低，对应的叶绿素a含量为4.37～14.91μg/L，浓度逐月降低，与生物量变化趋势吻合。

表3-4　室内藻类监测结果

时间	Chl-a/（μg/L）	优势种	藻密度/（×10⁴个/L）	含量水平	水华风险评估
7月	5.0	鱼腥藻（蓝藻）	162.8	低等	不具条件
8月	6.1	颤藻	226.8	中等	初具条件
9月	3.3	微囊藻	171.6	低等	不具条件
10月	5.3	直链藻	131.2	低等	不具条件

叶绿素a含量为3.3～6.1μg/L，无明显规律。室内监测藻密度与系统监测藻类生物量逐月变化趋势一致。从表3-5可以看出：①系统所反映的不同波长荧光值与所检测绿藻浓度极显著相关，与硅藻浓度及叶绿素浓度显著相关，说明找到相关的参数则可以根据波长荧光值计算出相应的藻生物量，并辨别出优势种；②室内检测藻密度值与TG、YG、R、SR及系统检测四种藻类浓度达显著或极显著相关；③系统所检测蓝绿藻浓度与各参数相关性不明显，所检测蓝绿藻浓度需要进行进一步比对、校准；④系统与室内检测Chl-a浓度相关性不明显；⑤室内监测Chl-a浓度与藻密度相关性不明显。

表 3-5　各参数相关系数分

相关系数	SB	B	TG	YG	R	SR	绿藻	硅藻	隐藻	蓝藻	蓝绿藻	Chl-a (DF)	Chl-a (室内)	藻密度 (室内)
SB	1	1**	1**	0.99**	0.99**	0.99**	0.99**	0.94**	0.60	0.62	-0.42	0.88*	-0.31	0.77
B	1**	1	0.99**	0.98**	0.98**	0.98**	0.98**	0.96**	0.59	0.61	-0.44	0.84*	-0.39	0.75
TG	1**	0.99**	1	1**	1**	1**	0.99**	0.91*	0.66	0.68	-0.37	0.90*	-0.27	0.81*
YG	0.99**	0.98**	1**	1	1**	1**	0.99**	0.88*	0.69	0.71	-0.34	0.91*	-0.23	0.84*
R	0.99**	0.98**	1**	1**	1	1**	0.99**	0.88*	0.70	0.71	-0.33	0.91*	-0.23	0.84*
SR	0.99**	0.98**	1**	1**	1**	1	0.99**	0.90*	0.71	0.73	-0.31	0.90*	-0.23	0.86*
绿藻	0.99**	0.98**	0.99**	0.99**	0.99**	0.99**	1	0.90*	0.72	0.73	-0.31	0.85*	-0.31	0.85*
硅藻	0.94**	0.96**	0.91*	0.88*	0.88*	0.90*	0.90*	1	0.39	0.41	-0.54	0.68	-0.54	0.56
隐藻	0.60	0.59	0.66	0.69	0.70	0.71	0.72	0.39	1	1**	0.13	0.59	-0.12	0.97**
蓝藻	0.62	0.61	0.68	0.71	0.71	0.73	0.73	0.41	1**	1	0.13	0.59	-0.11	0.98**
蓝绿藻	-0.42	-0.44	-0.37	-0.34	-0.33	-0.31	-0.31	-0.54	0.13	0.13	1	-0.27	0.65	0.01
Chl-a (DF)	0.88*	0.84*	0.90*	0.91*	0.91*	0.90*	0.85*	0.68	0.59	0.59	-0.27	1	0.11	0.74
Chl-a (室内)	-0.31	-0.39	-0.27	-0.23	-0.23	-0.23	-0.31	-0.54	-0.12	-0.11	0.65	0.11	1	-0.12
藻密度 (室内)	0.77	0.75	0.81*	0.84*	0.84*	0.86*	0.85*	0.56	0.97**	0.98**	0.01	0.74	-0.12	1

注：*即 $p<0.05$，表示显著相关；**即 $p<0.01$，表示极显著相关。

3.3.2 纯种培养的蓝藻、隐藻、硅藻、绿藻的样品与仪器的比对分析

根据尼尔基水库的藻类生长现状，从中科院水生所购得培养好的微囊藻和鱼腥藻、隐藻、小环藻、栅藻，分别代表蓝藻、隐藻、硅藻和绿藻，进行不同浓度的稀释、处理，并相应地对其进行室内及现场比对分析。

根据 DF 活体藻类分析仪对纯种藻测定结果中的荧光及各个样品的生物量值进行分析，并结合其他经验值所作出的不同藻类荧光值/生物量的关系，反映在不同波段下，每种藻中单位生物量占的荧光值。由图 3-2 可知，不同的藻类荧光值对生物量的贡献是有很大差异的，计算出不同荧光值与生物量，发现荧光值与生物量之间呈线性相关，相关关系较好。结合不同荧光值与生物量的关系图反应的比值来计算荧光值与藻类生物量的关系。如表 3-6～表 3-8 所示。

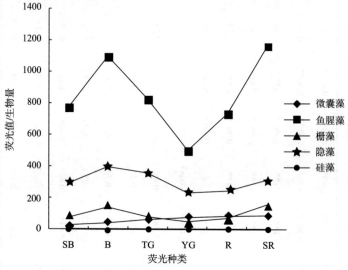

图 3-2 不同荧光值与纯种藻藻类生物量的关系

荧光值与纯种藻藻类生物量的关系如下。

（1）微囊藻：

$$Y_1=0.0232x_1+0.7\times0.0172x_2+0.45\times0.0114x_3+0.37\times0.0093x_4$$
$$+0.33\times0.0084x_5+0.33\times0.0082x_6 \qquad (3-1)$$

（2）鱼腥藻：

$$Y_2=0.0007x_1+0.72\times0.0005x_2+0.0006x_3+1.54\times0.001x_4$$
$$+0.0007x_5+0.67\times0.0004x_6 \qquad (3-2)$$

（3）栅藻：

$$Y_3=0.0089x_1+0.54\times0.0049x_2+0.0086x_3+1.58\times0.0138x_4$$

$$+1.11\times0.0099x_5+0.48\times0.0044x_6 \tag{3-3}$$

（4）隐藻：

$$Y_4=0.0003x_1+0.75\times0.0003x_2+0.82\times0.0003x_3+1.26\times0.0004x_4$$
$$+1.21\times0.0004x_5+0.0003x_6 \tag{3-4}$$

（5）硅藻：

$$Y_5=0.431x_1+0.63\times0.304x_2+0.67\times0.329x_3+1.68\times0.621x_4$$
$$+0.489x_5+0.550\times280x_6 \tag{3-5}$$

$Y_1\sim Y_5$ 分别代表五种藻类生物量，$x_1\sim x_6$ 代表 6 种不同波长下的荧光值。

在实际监测过程中不同藻类荧光值可能会相互影响，跟纯种藻相比，对监测结果会造成一定影响。为了消除不同藻类之间的相互影响造成的误差，将纯种培养的藻类按一定比例混合，形成混合藻，将式（3-1）～式（3-5）代入 DF 监测荧光值进行生物量计算，并跟实验室分析的生物量结果进行比对，比对结果见表 3-9。

根据方程计算值与室内混合藻观测值的比对结果，对式（3-1）～式（3-5）进行进一步参数调整，微囊藻、鱼腥藻、栅藻、隐藻方程计算值与室内观测值的线性参数分别为 3.65、0.8、8.12、2.88。调整后有如下结果。

（1）微囊藻：

$$Y_1=3.65\times(0.0232x_1+0.7\times0.0172x_2+0.45\times0.0114x_3+0.37\times0.0093x_4$$
$$+0.33\times0.0084x_5+0.33\times0.0082x_6) \tag{3-6}$$

（2）鱼腥藻：

$$Y_2=0.8\times(0.0007x_1+0.72\times0.0005x_2+0.0006x_3+1.54\times0.0010x_4$$
$$+0.0007x_5+0.67\times0.0004x_6) \tag{3-7}$$

（3）栅藻：

$$Y_3=8.12\times(0.0089x_1+0.54\times0.0049x_2+0.0086x_3+1.58\times0.0138x_4$$
$$+1.11\times0.0099x_5+0.48\times0.0044x_6) \tag{3-8}$$

（4）隐藻：

$$Y_4=2.88\times(0.0003x_1+0.75\times0.0003x_2+0.82\times0.0003x_3+1.26\times0.0004x_4$$
$$+1.21\times0.0004x_5+0.0003x_6) \tag{3-9}$$

（5）硅藻：

$$Y_5=0.431x_1+0.63\times0.304x_2+0.67\times0.329x_3+1.68\times0.621x_4$$
$$+0.489x_5+0.55\times0.28x_6 \tag{3-10}$$

表 3-6 纯种藻的比对结果

样品	浓度	DF 监测													人工比对
		SB	B	TG	YG	R	SR	绿藻	硅藻	隐藻	蓝藻	叶绿素	藻蓝素	生物量/(mg/L)	叶绿素（YSI6600）/（μg/L）
微囊藻	原样	2 182	2 947	4 509	5 533	6 096	6 272	14.4	64.5	0	110	4.6	200	313.03	9.8
	1/2	1 037	1 397	2 079	2 602	2 941	2 953	0	17.4	17.7	50.9	3.1	200	141.71	5.1
	1/4	506	657	888	1 075	1 196	1 232	3.9	9.5	0	18.5	2.3	200	70.61	2.7
	1/8	342	429	551	633	696	734	1.8	5.2	0.4	9.6	1.7	116.8	32.87	1.7
鱼腥藻	原样	11 452	15 985	12 172	7 523	10 832	16 996	215.1	0	302	0	122	—	58.74	273
	1/3	3 109	4 453	3 232	2 081	2 883	4 922	70.9	3.4	60.6	0	61	—	18.99	96.9
	1/9	1 300	1 757	1 335	865	1 195	1 898	27.3	6	16.4	0	28.5	173	6.35	33.3
栅藻	原样	10 908	19 978	11 374	7 065	9 845	22 093	431	64.9	45.6	0	132	—	568.52	328
	1/3	2 149	3 922	2 194	1 456	1 989	4 630	88.7	3.9	9.7	0	47	—	183.39	83
	1/9	927	1 606	982	669	872	1 818	33	6.1	0.1	0	29	—	69.54	38
隐藻	原样	2 794	3 708	3 361	2 247	2 334	2 964	39.4	63	9.3	2.3	73	—	5.65	113.8
	1/2	1 452	1 968	1 736	1 171	1 211	1 693	23.7	29.5	4	0	44.1	—	2.91	58.3
	1/4	819	1 084	946	678	699	947	12.9	15.3	0.2	0.4	25	—	1.37	28.3
硅藻	原样	911	1 338	1 244	634	806	1 523	16.9	11.4	9.3	0.1	24.5	—	3 072.19	26.1
	1/2	795	1 139	1 042	539	695	1 221	13.2	10.2	7	0	8.4	—	1 657.44	12.8
	1/4	558	737	687	401	496	747	6.6	5.6	5.1	0	4.5	—	841.63	6.2
混合样	原样	3 654	5 623	4 069	2 895	3 721	6 387	90.6	0.5	82.7	0.2	69	—	17.01	150.1
	1/2	1 970	3 045	2 191	1 563	2 057	3 440	48.4	0	42.9	0.2	45.5	190	8.78	79.5
	1/4	1 419	2 128	1 510	1 106	1 421	2 392	35.2	0.8	25.5	0	31.5	111.5	4.12	40.1

表 3-7　不同波长荧光值与纯种藻生物量的关系（截距不为 0）

藻种	波长	线性关系	
微囊藻	SB	$Y_1=0.1555x_1-54.529$	$R=0.999**$
	B	$Y_1=0.1140x_2-21.960$	$R=0.999**$
	TG	$Y_1=0.0724x_3-12.017$	$R=0.999**$
	YG	$Y_1=0.0587x_4-11.564$	$R=0.999**$
	R	$Y_1=0.0534x_5-13.154$	$R=0.998**$
	SR	$Y_1=0.052x_6-12.800$	$R=0.999**$
鱼腥藻	SB	$Y_2=0.0039x_1+0.6782$	$R=0.996**$
	B	$Y_2=0.0028x_2+0.5034$	$R=0.997**$
	TG	$Y_2=0.0036x_3+1.0488$	$R=0.996**$
	YG	$Y_2=0.0059x_4+0.6277$	$R=0.997**$
	R	$Y_2=0.004x_5+1.0246$	$R=0.996**$
	SR	$Y_2=0.0026x_6+0.0417$	$R=0.998**$
栅藻	SB	$Y_3=0.0478x_1+51.22$	$R=0.994**$
	B	$Y_3=0.026x_2+52.882$	$R=0.995**$
	TG	$Y_3=0.0457x_3+52.041$	$R=0.994**$
	YG	$Y_3=0.0745x_4+45.439$	$R=0.994**$
	R	$Y_3=0.0532x_5+48.583$	$R=0.994**$
	SR	$Y_3=0.0237x_6+48.281$	$R=0.996**$
隐藻	SB	$Y_4=0.0021x_1-0.3150$	$R=0.999**$
	B	$Y_4=0.0016x_2-0.3476$	$R=1.000**$
	TG	$Y_4=0.0018x_3-0.2336$	$R=0.999**$
	YG	$Y_4=0.0027x_4-0.3764$	$R=0.999**$
	R	$Y_4=0.0026x_5-0.3516$	$R=0.999**$
	SR	$Y_4=0.0021x_6-0.6614$	$R=1.000**$
硅藻	SB	$Y_5=5.8954x_1-2591.7$	$R=0.94$
	B	$Y_5=3.4696x_2-1859.3$	$R=0.94$
	TG	$Y_5=3.8080x_3-1915.5$	$R=0.95*$
	YG	$Y_5=9.3374x_4-3040.7$	$R=0.97*$
	R	$Y_5=6.8188x_5-2680.4$	$R=0.95*$
	SR	$Y_5=2.7724x_6-1368.9$	$R=0.96*$

注：*表示 $p<0.05$；**表示 $p<0.01$。

表 3-8　不同波长荧光值与纯种藻生物量的关系（截距为 0）

藻种	波长	线性关系	
微囊藻	SB	$Y_1=0.1392x_1$	$R=0.992$
	B	$Y_1=0.1034x_2$	$R=0.993$
	TG	$Y_1=0.0686x_3$	$R=1.000**$
	YG	$Y_1=0.0557x_4$	$R=0.998*$
	R	$Y_1=0.0503x_5$	$R=0.99**$
	SR	$Y_1=0.0491x_6$	$R=0.998*$
鱼腥藻	SB	$Y_2=0.0039x_1$	$R=0.996$
	B	$Y_2=0.0028x_2$	$R=0.997*$
	TG	$Y_2=0.0037x_3$	$R=0.995$
	YG	$Y_2=0.0060x_4$	$R=0.996$
	R	$Y_2=0.0041x_5$	$R=0.995$
	SR	$Y_2=0.0026x_6$	$R=0.998*$
栅藻	SB	$Y_3=0.0535x_1$	$R=0.980$
	B	$Y_3=0.0292x_2$	$R=0.980$
	TG	$Y_3=0.0513x_3$	$R=0.979$
	YG	$Y_3=0.0825x_4$	$R=0.984$
	R	$Y_3=0.0593x_5$	$R=0.982$
	SR	$Y_3=0.0264x_6$	$R=0.984$
隐藻	SB	$Y_4=0.0020x_1$	$R=0.996$
	B	$Y_4=0.0015x_2$	$R=0.996$
	TG	$Y_4=0.0017x_3$	$R=0.998*$
	YG	$Y_4=0.0025x_4$	$R=0.994$
	R	$Y_4=0.0024x_5$	$R=0.995$
	SR	$Y_4=0.0018x_6$	$R=0.988$
硅藻	SB	$Y_5=2.5862x_1$	$R=0.770$
	B	$Y_5=1.8233x_2$	$R=0.821$
	TG	$Y_5=1.9737x_3$	$R=0.827$
	YG	$Y_5=3.7260x_4$	$R=0.765$
	R	$Y_5=2.9354x_5$	$R=0.774$
	SR	$Y_5=1.6784x_6$	$R=0.876$

注：*表示 $p<0.05$；**表示 $p<0.01$。

表 3-9　方程计算值与室内观测值比对　　　　　单位：mg/L

藻类名称	方程计算值			室内观测值		
微囊藻	8.8912	5.6404	0.0807	34.30	17.60	8.35
鱼腥藻	10.4242	5.6484	0.0047	8.53	4.33	2.08
栅藻	14.8474	8.0510	0.0995	121.62	62.93	29.34
隐藻	1.9902	1.0794	0.0004	5.65	2.91	1.37

将调整后的式（3-6）～式（3-10）根据湖泊实地监测值及室内留样观测值进一步进行比对。表 3-10 为 DF 在线监测系统在尼尔基水库现场监测值及室内留样观测值。将各荧光值代入式（3-6）～式（3-10），计算得到的生物量与实际生物量的比对情况见表 3-11。

表 3-10　尼尔基水库现场监测值及室内留样观测值

次数	荧光值	藻类名称	生物量/（mg/L）	浊度（NTU）
1	523	蓝藻	0.000 525	—
	823	隐藻	0.001 050	—
	388	硅藻	0.012 250	—
	290	绿藻	0.001 456	—
	321	—		
	357			207.99
2	406	蓝藻	0.002 867	—
	762	隐藻	0.004 434	—
	338	硅藻	0.043 256	—
	216	绿藻	0.000 695	—
	246	—	—	
	360	—	—	607.55
3	1579	蓝藻	0.004 357	—
	2631	绿藻	0.030 847	—
	1697	隐藻	0.059 781	—
	1252	硅藻	0.313 836	—
	1444	—	—	
	2256	—	—	174.69
4	1191	蓝藻	0.016 152	—
	1633	绿藻	0.260 699	—
	1319	硅藻	1.094 509	—
	1004	隐藻	0.050 516	—
	1094	—	—	
	1466	—	—	81.32

表 3-11　方程计算值与室内观测值比对　　　　　　　单位：mg/L

次数	1		2		3		4	
	方程计算值	室内观测值	方程计算值	室内观测值	方程计算值	室内观测值	方程计算值	室内观测值
蓝藻	0.5740	0.0005	0.4836	0.0010	2.0059	0.0044	1.4267	0.0162
绿藻	1.2537	0.0015	1.0078	0.0012	5.0382	0.0308	3.8152	0.2607
隐藻	0.0554	0.0011	0.0463	0.0012	0.2284	0.0598	0.1664	0.0505
硅藻	5.0000	0.0123	10.0000	0.0276	20.0000	0.3138	13.0000	1.0945

根据表 3-11 可知，方程计算值与室内观测值结果并不吻合。通过进一步分析两者的关系图发现，两者之间存在线性关系，但是系数并不相同（0.0024，0.0027，0.015，0.0822）。同时根据多次监测对比发现，泥沙对硅藻的监测结果产生一定的影响，跟同一时间浊度比较发现，该系数与浊度之间存在乘幂关系（$y=71.428x^{-1.6765}$，$R=0.83$），故在建立方程式时应充分考虑浊度对监测结果的影响。令浊度为 S，则方程式调整如下。

（1）微囊藻：

$$Y_1=3.65\times(0.0232x_1+0.70\times0.0172x_2+0.45\times0.0114x_3+0.37\times0.0093x_4$$
$$+0.33\times0.0084x_5+0.33\times0.0082x_6)\times71.428S^{-1.6765} \tag{3-11}$$

（2）鱼腥藻：

$$Y_2=0.80\times(0.0007x_1+0.72\times0.0005x_2+0.0006x_3+1.54\times0.0010x_4$$
$$+0.0007x_5+0.67\times0.0004x_6)\times71.428S^{-1.6765} \tag{3-12}$$

（3）栅藻：

$$Y_3=8.12\times(0.0089x_1+0.54\times0.0049x_2+0.0086x_3+1.58\times0.0138x_4$$
$$+1.11\times0.0099x_5+0.48\times0.0044x_6)\times71.428S^{-1.6765} \tag{3-13}$$

（4）隐藻：

$$Y_4=2.88\times(0.0003x_1+0.75\times0.0003x_2+0.82\times0.0003x_3+1.26\times0.0004x_4$$
$$+1.21\times0.0004x_5+0.0003x_6)\times71.428S^{-1.6765} \tag{3-14}$$

（5）硅藻：

$$Y_5=0.431x_1+0.63\times0.304x_2+0.67\times0.329x_3+1.68\times0.621x_4$$
$$+0.489x_5+0.55\times0.280x_6 \tag{3-15}$$

经计算获得方程计算值与室内观测值，进行比较后发现结果已较为接近。两者相关系数如图 3-3 所示。因条件限制，所得方程式仍存在着进一步精确细化的空间，有待进一步研究。

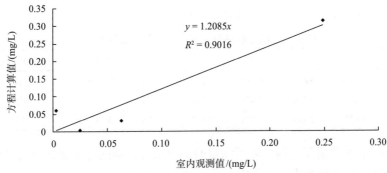

图 3-3 校准后方程计算值与室内观测值相关系数图

3.3.3 纯培养的藻类各波段荧光值与叶绿素 a 的校准公式

为了研究本仪器荧光值与藻类相关关系，针对尼尔基水库藻类生长情况及不同季节的优势种，选取比较具有代表性的几种藻类进行纯培养，分别是微囊藻、鱼腥藻、四尾栅藻、卵圆隐藻及小环藻，用 DF 延迟荧光仪对单种藻及混合藻进行测定。为明确各种藻类荧光值与叶绿素 a 的相关关系，以反映尼尔基水库藻类生长状况，在建立藻类荧光值与生物量的校准公式后，对不同藻的荧光值与相应的叶绿素 a 含量进行相关分析，以建立荧光值与叶绿素 a 的校准公式，详见图 3-4。

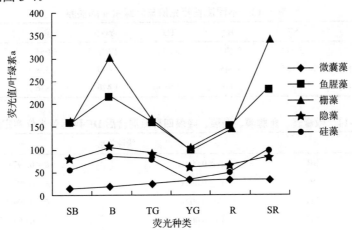

图 3-4 纯藻在各个波段的荧光值/叶绿素 a 的关系

根据 DF 延迟荧光仪测定纯种藻产生的各波段的荧光，以及对应的各个样品的叶绿素 a 值进行分析，作出的不同藻类在不同波段下荧光值/叶绿素 a 的关系图，反映的是在不同波段下，每种藻中单位叶绿素 a 所占的荧光值。由图可知，同一波段下不同的藻类，荧光值对叶绿素 a 的贡献是有很大差异的，对不同的藻类在不同波段下荧光值与叶绿素 a 的关系展开相关研究，以建立不同藻类荧光值与叶绿素 a 之间的校准参数。如表 3-12 所示。

表 3-12　栅藻样品叶绿素 a 含量及各波段荧光值

	SB	B	TG	YG	R	SR	叶绿素 a/（μg/L）
原样	14 340	26 294	14 970	9 290	13 030	29 356	328
1/3	3 385	6 295	3 465	2 270	3 138	7 519	83
1/9	1 623	2 924	1 714	1 117	1 506	3 343	38

以纯培养的栅藻为例，以所测定的不同浓度样品的叶绿素 a 值为自变量。根据各波段的线性关系，取各斜率的倒数为各种荧光下的校准参数，并结合各波段荧光与叶绿素 a 关系，通过加权平均，建立单种藻叶绿素 a（y）与各个波段荧光值（x）的校准公式。

3.3.4　纯藻混合样各波段荧光值与叶绿素 a 的校准公式

在建立校准公式后，将 DF 延迟荧光仪测得的混合藻样品荧光结果代入公式中进行计算，所得结果与仪器测定的叶绿素 a 结果相差较大。由于藻类会互相遮挡，不同种类藻在不同波段产生的荧光也会产生干扰和重叠，所以要确定混合藻中各种藻的叶绿素 a（y）与荧光值（x）的相关关系，需要进一步校准相关参数。详见表 3-13～表 3-15。

表 3-13　不同波长荧光值与叶绿素 a 的关系

	SB	B	TG	YG	R	SR
原样	5 943	9 209	6 642	4 681	6 065	10 486
1/2 原样	3 165	4 945	3 534	2 499	3 308	5 609
1/4 原样	1 829	2 776	1 950	1 420	1 836	3 134

表 3-14　微囊藻、鱼腥藻、栅藻、隐藻四种藻混合后 DF 延迟荧光仪测定结果

藻种	波长	线性关系	
微囊藻	SB	$Y_1 = 0.004x_1$	$R = 0.997^*$
	B	$Y_1 = 0.003x_2$	$R = 0.997^*$
	TG	$Y_1 = 0.002x_3$	$R = 0.994$
	YG	$Y_1 = 0.001x_4$	$R = 0.995$
	R	$Y_1 = 0.001x_5$	$R = 0.996$
	SR	$Y_1 = 0.001x_6$	$R = 0.996$
		$Y_1 = 0.000\,67x_1 + 0.000\,5x_2 + 0.000\,33x_3 + 0.000\,17x_4 + 0.000\,17x_5 + 0.000\,17x_6$	
鱼腥藻	SB	$Y_2 = 0.0184x_1$	$R = 0.991$
	B	$Y_2 = 0.0131x_2$	$R = 0.992$
	TG	$Y_2 = 0.0173x_3$	$R = 0.990$
	YG	$Y_2 = 0.0280x_4$	$R = 0.992$

续表

藻种	波长	线性关系	
鱼腥藻	R	$Y_2=0.0194x_5$	$R=0.990$
	SR	$Y_2=0.0123x_6$	$R=0.995$
		$Y_2=0.0031x_1+0.71\times0.0022x_2+0.0029x_3+1.54\times0.0047x_4+0.0032x_5+0.66\times0.0021x_6$	
栅藻	SB	$Y_3=0.0230x_1$	$R=0.100^{**}$
	B	$Y_3=0.0125x_2$	$R=0.100^{**}$
	TG	$Y_3=0.0220x_3$	$R=0.100^{**}$
	YG	$Y_3=0.0354x_4$	$R=0.100^{**}$
	R	$Y_5=0.0252x_5$	$R=0.100^{**}$
	SR	$Y_3=0.0112x_6$	$R=0.100^{**}$
		$Y_3=0.0038x_1+0.54\times0.0021x_2+0.0037x_3+1.57\times0.0059x_4+1.10\times0.0042x_5+0.48\times0.0019x_6$	
隐藻	SB	$Y_4=0.0250x_1$	$R=0.999^*$
	B	$Y_4=0.0186x_2$	$R=0.999^*$
	TG	$Y_4=0.0208x_3$	$R=0.999^*$
	YG	$Y_4=0.0313x_4$	$R=0.999^*$
	R	$Y_4=0.0300x_5$	$R=0.999^*$
	SR	$Y_4=0.0228x_6$	$R=0.993$
		$Y_4=0.0042x_1+0.74\times0.0031x_2+0.82\times0.0035x_3+1.26\times0.0052x_4+1.21\times0.005x_5+0.0038x_6$	
硅藻	SB	$Y_1=0.0159x_1$	$R=0.877$
	B	$Y_2=0.0109x_2$	$R=0.913$
	TG	$Y_3=0.0118x_3$	$R=0.914$
	YG	$Y_4=0.0239x_4$	$R=0.875$
	R	$Y_5=0.0182x_5$	$R=0.877$
	SR	$Y_6=0.0098x_6$	$R=0.946$
		$Y_5=0.0027x_1+0.62\times0.0018x_2+0.67\times0.0020x_3+1.68\times0.0040x_4+1.17\times0.0030x_5+0.55\times0.0016x_6$	

注：*表示$p<0.05$；**表示$p<0.01$。

表 3-15　将荧光值代入各方程所得计算结果

	微囊藻	鱼腥藻	栅藻	隐藻	计算值/ （μg/L）	叶绿素 a 测定值/（μg/L）
混合藻原样	14.4	119.9	138.5	172.4	445.2	150.05
1/2 原样	7.7	64.2	74.3	92.5	238.7	79.50
1/4 原样	4.3	36.2	41.8	52.0	134.3	40.05

　　为进一步确定混合藻样品中各个波段荧光值与叶绿素 a 之间的校准参数，研究 DF 纯种藻类测定结果中的荧光值。根据各种藻在各个波段下荧光值/叶绿素 a 的值，运用加权平均，计算出各波段中荧光值/叶绿素 a 的平均值，再计算每种藻中单位叶绿素 a 的荧光值占该波段总荧光值的比例。如表 3-16 所示。

表 3-16   各种藻单位叶绿素 a 的荧光值占总荧光值的比例

种类	微囊藻	鱼腥藻	栅藻	隐藻	硅藻
所占比例	0.0417	0.3085	0.3882	0.1440	0.1176

将计算出的比例代入混合藻的荧光值中，计算各种藻在各个波段下所占的荧光值，如表 3-17 所示。

表 3-17   混合藻样品中各种藻所分配的荧光值

藻类样品	藻的种类	SB	B	TG	YG	R	SR
混合藻原样		5943	9209	6642	4681	6065	10486
	微囊藻	248	384	277	195	253	437
	鱼腥藻	1833	2841	2049	1444	1871	3235
	栅藻	2307	3575	2578	1817	2354	4070
	隐藻	856	1326	956	674	873	1510
1/2 原样		3165	4945	3534	2499	3308	5609
	微囊藻	132	206	147	104	138	234
	鱼腥藻	976	1525	1090	771	1020	1730
	栅藻	1229	1919	1372	970	1284	2177
	隐藻	456	712	509	360	476	808
1/4 原样		1829	2776	1950	1420	1836	3134
	微囊藻	76	116	81	59	77	131
	鱼腥藻	564	856	601	438	566	967
	栅藻	710	1078	757	551	713	1217
	隐藻	263	400	281	204	264	451

依次将各种藻在各个波段所分配的荧光值代入校准公式中，求出各种藻相应的叶绿素 a 含量，与实际叶绿素 a 含量进行比较。如表 3-18 所示。

表 3-18   校准公式计算的叶绿素 a 值与测定值   单位：μg/L

	微囊藻		鱼腥藻		栅藻		隐藻	
	计算值	测定值	计算值	测定值	计算值	测定值	计算值	测定值
混合藻原样	0.60	2.53	36.98	22.59	53.78	79.10	24.82	18.35
1/2 样品	0.32	1.27	19.81	11.30	28.82	39.55	13.32	9.18
1/4 样品	0.18	0.63	11.15	5.65	16.23	19.78	7.48	4.59

由表 3-18 可知，根据校准公式计算出来的叶绿素 a 值与实际值有一定差异，需要进一步对其校准参数进行分析。建立叶绿素 a 计算值与实际值相关曲线，每种藻中叶绿素 a 计算值与实际值相关性较好，分别取各曲线的斜率为各种藻的荧光值与叶绿素 a 之间的校准系数。因此，将混合藻中微囊藻、鱼腥藻、栅藻和隐藻的叶绿素 a 与荧光值的校准公式分别调整如下。

（1）微囊藻：

$$Y_1=4.116\times(0.000\,67x_1+0.0005x_2+0.000\,33x_3+0.000\,17x_4$$
$$+0.000\,17x_5+0.000\,17x_6)\tag{3-16}$$

（2）鱼腥藻：

$$Y_2=0.5955\times(0.0031x_1+0.71\times0.0022x_2+0.0029x_3+1.54\times0.0047x_4$$
$$+0.0032x_5+0.66\times0.0021x_6)\tag{3-17}$$

（3）栅藻：

$$Y_3=1.4336\times(0.0038x_1+0.54\times0.0021x_2+0.0037x_3+1.57\times0.0059x_4$$
$$+1.10\times0.0042x_5+0.48\times0.0019x_6)\tag{3-18}$$

（4）隐藻：

$$Y_4=0.7206\times(0.0042x_1+0.74\times0.0031x_2+0.82\times0.0035x_3+1.26\times0.0052x_4$$
$$+1.21\times0.005x_5+0.0038x_6)\tag{3-19}$$

3.3.5　野外监测各波段荧光值与叶绿素 a 的校准公式

将所得结果与水质仪所测的叶绿素 a 进行比较发现，水质仪的叶绿素 a 与计算出的结果相关性不理想。由于校准公式是建立在纯培养藻类的基础上，没有考虑任何外界环境如泥沙等的影响，而且也没有加上硅藻的叶绿素 a 的值。因此，为了找到这些因素的影响参数，根据相关性曲线，将计算出来的叶绿素 a 值加上经验值进行小范围内的调整，得到一组新的叶绿素 a 值，用这组值与 Trios 仪测定的叶绿素 a 重新建立相关曲线（表 3-19）。

表 3-19　DF 仪野外监测结果

日期	SB	B	TG	YG	R	SR	叶绿素 a 计算值 /（μg/L）	乘以系数 0.0386 后 /（μg/L）	叶绿素 a （Trios） /（μg/L）
7月14日	844	840	861	807	828	826	59.73	2.69	2.73
7月15日	782	753	751	755	745	780	54.64	2.11	2.19
7月16日	502	477	511	466	490	529	35.23	2.13	2.23
7月17日	443	439	441	465	460	448	32.60	1.45	0.93
7月18日	424	412	407	414	414	418	29.86	1.58	1.46
7月19日	868	1462	1082	780	854	1389	69.12	3.05	2.14
7月20日	986	1647	1140	844	950	1510	75.88	3.47	4.22
7月21日	1086	1838	1268	873	1004	1715	82.27	3.33	3.52

将得到的野外校准参数 0.0386 作为系数，加入校准公式，则野外监测下叶绿素 a 与荧光值的校准公式调整如下。

（1）微囊藻：

$$Y_1=0.0386\times4.116\times(0.000\,67x_1+0.0005x_2+0.000\,33x_3+0.000\,17x_4$$
$$+0.000\,17x_5+0.000\,17x_6) \tag{3-20}$$

（2）鱼腥藻：

$$Y_2=0.0386\times0.5955\times(0.0031x_1+0.71\times0.0022x_2+0.0029x_3+1.54\times0.0047x_4$$
$$+0.0032x_5+0.66\times0.0021x_6) \tag{3-21}$$

（3）栅藻：

$$Y_3=0.0386\times1.4336\times(0.0038x_1+0.54\times0.0021x_2+0.0037x_3+1.57\times0.0059x_4$$
$$+1.10\times0.0042x_5+0.48\times0.0019x_6) \tag{3-22}$$

（4）隐藻：

$$Y_4=0.0386\times0.7206\times(0.0042x_1+0.74\times0.0031x_2+0.82\times0.0035x_3$$
$$+1.26\times0.0052x_4+1.21\times0.005x_5+0.0038x_6) \tag{3-23}$$

综上所述，藻类在不同波段下的荧光值与其叶绿素 a 密切相关，但是用纯培养的藻类所建立的校准公式只适合实验室条件下纯培养的藻类。当要将其应用到野外监测中进行分析时，必须充分考虑水体的流速、流量等相关指标，而这些指标在水体中是时刻变化的，其对藻类荧光的影响也极其复杂，根据尼尔基水库的水环境特征，在此加入一个经验值。

通过上述比对实验发现：①经多次校准比对，仪器运行基本稳定，偶尔出现小故障，经正确维护与校准之后能正常运行；②硝酸盐氮比对低浓度标准物质的相对误差较大，应在绘制标准曲线时加密低浓度的点位密度；③电极用压缩空气自动清洗的效果不理想，仍需每周人工清洗；④每月应对仪器进行校准，调整截距、斜率。

3.4 尼尔基水库浮游植物状况评价

依据《地表水资源质量评价技术规程》（SL395—2007）中湖泊（水库）营养状态评价标准及分级方法对尼尔基水库进行营养状态进行评价。

藻类评价采用生物多样性评价指数 Shannon-Wiener 指数，计算公式为

$$H'(S)=-\sum_{i=1}^{S}\frac{n_i}{N}\log_2\frac{n_i}{N} \tag{3-24}$$

式中，$H'(S)$ 为多样性指标；S 为种类数，N 为同一样品中的个体总数；n_i 为第 i 种的个体数。$H'(S)$ 值为 0～1 表示多污带，为 1～2 表示 α-中污带，为 2～3 表示 β-中污带，$H'(S)>3$ 表示寡污带。经计算，尼尔基水库库末、尼尔基水库库中和尼尔基水库坝前分别为 α-中污带、多污带和多污带。具体评价结果见表 3-20。

表 3-20　藻类评价表

断面名称	多样性指数	污染情况
尼尔基水库库末	1.20	α-中污带
尼尔基水库库中	0.31	多污带
尼尔基水库坝前	0.32	多污带

尼尔基水库库末、尼尔基水库库中和尼尔基水库坝前水质、营养化和藻类评价不合格，可能与汇流区域农业面源及排污等因素有关。

4

嫩江典型区水生态监测与评价

由于当前嫩江流域水生态监控系统功能有待优化等问题，急需加强对嫩江流域的生态现状调查，准确反映河流生态风险的水平。本章通过对嫩江中上游典型区水生生物监测，对嫩江中上游典型区水生生物群落的结构及多样性特征进行评价，对其在水生生物（主要包括藻类、浮游动物、底栖动物等）监测中的应用进行深入研究。

4.1 嫩江流域典型区自然概况

嫩江流域典型区为嫩江中上游江段，长 172km，占尼尔基水库上游嫩江干流长度的 22%，为嫩江县排水的受纳河段，包括尼尔基水库、水库上游嫩江干流（繁荣新村至石灰窑断面）及支流，是嫩江流域重要的江段。在此段汇入嫩江干流的主要支流有甘河、多布库尔河、欧肯河、科洛河、门鲁河、固固河。甘河长约 446km，流域面积近 2 万 km²，经内蒙古自治区呼伦贝尔市莫力达瓦达斡尔族自治旗、鄂伦春自治旗，于黑龙江省嫩江镇附近汇入嫩江，是加格达奇区排水的主要受纳河流。多布库尔河全长 329km，流域面积 5490km²，年流量为 104 亿 m³，是松岭区排水的主要受纳河流。欧肯河全长 116km，莫力达瓦自治旗内全长 37km，流域面积 1381km²，欧肯河河身较宽，水流湍急，河谷宽 2km，河道曲折。科洛河全长 342km，河宽 50m，水深 1.2m，流域面积 8574km²。门鲁河全长 142km，河宽 40m，水深 1.1m，流域面积 5471km²。固固河全长 54km，发源于小兴安岭西麓北端、爱辉县境内，在建边农场东北部入境，横贯全场后从西南流入嫩江，详细情况见图 4-1（见书后彩图）。

4.2 嫩江流域典型区行政区概况

嫩江流域典型区内主要行政区为嫩江县、讷河市、莫力达瓦达斡尔族自治旗和鄂伦春自治旗。

嫩江县位于黑龙江省西北部，嫩江流域上游，处于黑龙江、内蒙古和加格达奇、呼伦贝尔、齐齐哈尔、黑河"两省四市"交汇点，大小兴安岭生态功能保护区和松嫩平原现代农业综合配套改革实验区内。辖区面积 1.51 万 km²，居全省第三位，辖 14 个乡镇、147 个行政村，总人口 51 万，生活着汉、满、

图 4-1 嫩江流域典型区

达斡尔、鄂伦春、鄂温克等 17 个民族。县域内驻有中储粮北方公司、农垦九三管理局及其 10 个国有农场、22 个驻军农场。县域内耕地面积 1200 万亩[①]，其中县属耕地 647 万亩、农垦九三管理局 400 万亩、中储粮北方公司嫩江基地等农副业生产基地 153 万亩；林地面积 900 万亩，草原面积 320 万亩，水面面积 5 万亩。

讷河市属于黑龙江省齐齐哈尔市管辖，位于黑龙江省西北部。全市总面积 6674 km²，辖 12 个镇、3 个乡和 1 个民族乡、171 个行政村，有 25 个民族。2014 年末全市总人口 71.7 万。讷河县位于世界三大黑土带之一，2014 年全年农业总播种面积 607 万亩，粮食作物播种面积 602.1 万亩，其中水稻 61.5 万亩、玉米 321.6 万亩、大豆 141.1 万亩、马铃薯 77.9 万亩。

莫力达瓦达斡尔族自治旗（以下简称莫旗）是内蒙古自治区呼伦贝尔市下辖自治旗，成立于 1958 年 8 月 15 日，是全区三个少数民族自治旗之一，是全国唯一的达斡尔族自治旗，辖 13 个乡镇、4 个办事处、220 个行政村，全旗有 17 个民族，主体民族是达斡尔族。2014 年莫旗总人口 32 万人。2014 年莫旗粮食作物播种面积达 659.7 万亩，其中水稻播种面积 12.3 万亩，小

---

① 1 亩≈666.7m²

麦播种面积 10.4 万亩，玉米播种面积 304 万亩，大豆播种面积 316 万亩。

　　鄂伦春自治旗位于呼伦贝尔市东北部、大兴安岭南麓、嫩江西岸，全旗总面积 59 800km²，鄂伦春自治旗下辖 8 镇、2 乡、82 个行政村，其中 5 个猎区乡镇，7 个鄂伦春族猎民村。2014 年年末，鄂伦春自治旗共有人口 26 万人（除加格达奇区和松岭区）。2014 年全旗粮食作物播种面积为 288 394hm²，其中大豆播种面积为 193 971hm²，小麦播种面积为 30 492hm²，玉米播种面积为 42 307hm²。鄂伦春自治旗野生动植物资源丰富、种类繁多，广袤的森林里栖息着 150 多种野生动物，其中，受国家保护的一二级野生动物近 50 种。加格达奇区和松岭区是黑龙江省大兴安岭地区所辖区域，地理位置在鄂伦春自治旗境内。加格达奇区是中共大兴安岭地区委员会、大兴安岭地区行政公署、中华人民共和国国家林业局大兴安岭林业管理局、大兴安岭军分区和齐齐哈尔铁路分局加格达奇办事处所在地，是大兴安岭地区的政治、经济、文化中心和交通枢纽，总面积 1587km²，其中林地面积 115 213hm²，农业用地面积 6512hm²，水域面积 1476hm²。加格达奇区辖 6 个街道办事处、2 个乡，有 1 个林业局，总人口 15.6 万。松岭区为政企合一的体制，是大兴安岭林区会战的第一个林业局，经济以木材生产为主体，面积 15 799km²，人口 3.3 万，下辖 3 个镇。

4.3　水质评价

4.3.1　非汛期水质评价

4.3.1.1　水质基本项目评价

1. 评价方法

　　本次评价依据《地表水资源质量评价技术规程》（SL395—2007），采用单因子评价法，单项水质项目浓度超过Ⅲ类标准限值的称为超标项目。超标项目用超标倍数表示，其计算公式如下：

$$B_i = \frac{C_i}{S_i} - 1 \tag{4-1}$$

式中，B_i——某水质项目超标倍数；

　　　C_i——某水质项目浓度（mg/L）；

　　　S_i——某水质Ⅲ类标准限值（mg/L）。

2. 评价标准

　　评价标准为《地表水环境质量标准》（GB3838—2002）。标准限值见表 4-1。

表 4-1　地表水环境质量标准基本项目标准限值　　单位：mg/L

序号	项目	I类	II类	III类	IV类	V类
1	水温	人为造成的环境水温变化应限制在以下范围：周平均最大温升≤1℃；周平均最大温降≤2℃				
2	pH（无量纲）	6～9	6～9	6～9	6～9	6～9
3	溶解氧（≥）	7.5 或（饱和率90%）	6	5	3	2
4	高锰酸盐指数（≤）	2	4	6	10	15
5	化学需氧量（COD）（≤）	15	15	20	30	40
6	五日生化需氧量（BOD_5）（≤）	3	3	4	6	10
7	氨氮（NH_3-N）（≤）	0.15	0.5	1	1.5	2
8	总磷（以P计）（≤）	0.02（湖、库0.01）	0.1（湖、库0.025）	0.2（湖、库0.05）	0.3（湖、库0.1）	0.4（湖、库0.2）
9	总氮（湖、库，以N计）（≤）	0.2	0.5	1	1.5	2
10	铜（≤）	0.01	1	1	1	1
11	锌（≤）	0.05	1	1	2	2
12	氟化物（以F^-计）（≤）	1	1	1	1.5	1.5
13	硒（≤）	0.01	0.01	0.01	0.02	0.02
14	砷（≤）	0.05	0.05	0.05	0.1	0.1
15	汞（≤）	0.000 05	0.000 05	0.000 1	0.001	0.001
16	镉（≤）	0.001	0.005	0.005	0.005	0.01
17	铬（六价）（≤）	0.01	0.05	0.05	0.05	0.1
18	铅（≤）	0.01	0.01	0.05	0.05	0.1
19	氰化物（≤）	0.005	0.05	0.2	0.2	0.2
20	挥发酚（≤）	0.002	0.002	0.005	0.01	0.1
21	石油类（≤）	0.05	0.05	0.05	0.5	1
22	阴离子表面活性剂（≤）	0.2	0.2	0.2	0.3	0.3
23	硫化物（≤）	0.05	0.1	0.2	0.5	1
24	粪大肠菌群（≤）（个/L）	200	2 000	10 000	20 000	40 000

3. 评价结果

本次评价的 3 个断面，尼尔基水库坝前、尼尔基水库库中和尼尔基水库库末均为 V 类水质。主要超标项目为总磷和高锰酸盐指数。具体评价结果见表 4-2。

表 4-2　水质基本项目评价结果

断面名称	评价水质类别	超标项目和倍数
尼尔基水库库末	V	总磷（2.7）
尼尔基水库库中	V	总磷（2.8），高锰酸盐指数（0.22）
尼尔基水库坝前	V	总磷（3），高锰酸盐指数（0.13）

4.3.1.2　营养状态评价

1. 评价方法

营养状态评价运用水质综合污染指数法，其计算公式如下：

$$EI = \sum_{n=1}^{N} \frac{E_n}{N} \tag{4-2}$$

式中，EI —— 营养状态指数；

　　　E_n —— 评价项目赋分值；

　　　N —— 评价项目个数。

2. 评价结果

依据《地表水资源质量评价技术规程》（SL395—2007）中湖泊（水库）营养状态评价标准及分级方法对尼尔基水库进行营养状态评价，如表 4-3 所示。

表 4-3　湖泊（水库）营养状态评价标准及分级方法

营养状态分级 （EI 营养状态指数）		评价项目赋分值（E_n）	总磷/ （mg/L）	总氮/ （mg/L）	叶绿素/ （mg/L）	高锰酸盐指数/ （mg/L）	透明度/m
	贫营养 （0≤EI≤20）	10	0.001	0.02	0.0005	0.15	10
		20	0.004	0.05	0.001	0.4	5
	中营养 （20＜EI≤50）	30	0.01	0.1	0.002	1	3
		40	0.025	0.3	0.004	2	1.5
		50	0.05	0.5	0.01	4	1
富营养	轻度富营养 （50＜EI≤60）	60	0.1	1	0.026	8	0.5
	中度富营养 （60＜EI≤80）	70	0.2	2	0.064	10	0.4
		80	0.6	6	0.16	25	0.3
	重度富营养 （80＜EI≤100）	90	0.9	9	0.4	40	0.2
		100	1.3	16	1	60	0.12

尼尔基水库水源地营养状况采用尼尔基水库库末、尼尔基水库库中和尼尔基水库坝前三个断面水质数据进行评价，评价结果如下：尼尔基水库库末、尼尔基水库库中和尼尔基水库坝前分值分别为为 52、54 和 52，营养化情况为轻度营养化。具体情况见表 4-4。

表 4-4　营养化状态评价表

断面名称	营养化得分	营养化情况
尼尔基水库库末	52	轻度营养化
尼尔基水库库中	54	轻度营养化
尼尔基水库坝前	52	轻度营养化

4.3.2　汛期水质评价

4.3.2.1　水质基本项目评价

使用的评价方法为单因子评价方法，依据《地表水资源质量评价技术规程》(SL395—2007)的单因子评价法，评价标准为《地表水环境质量标准》(GB3838—2002)，单项水质项目浓度超过Ⅲ类标准限值的称为超标项目。

本次评价 17 个断面，Ⅱ类水质断面有 6 个，Ⅲ类水质断面有 6 个，Ⅳ类水质断面有 1 个，Ⅴ类水质断面有 1 个，劣Ⅴ类水质断面有 3 个。主要超标项目为氨氮、总磷和高锰酸盐指数。具体评价结果见表 4-5。

表 4-5　水质基本项目评价结果

断面名称	评价水质类别	超标项目和倍数
尼尔基水库库末	Ⅲ	—
尼尔基水库坝前	Ⅴ	总氮（0.66）
尼尔基水库库中	劣Ⅴ	总氮（2.81），总磷（2.8），高锰酸盐指数（0.46）
甘河大桥	Ⅱ	—
欧肯河镇	Ⅱ	—
古里乡	Ⅲ	—
科洛河大桥	Ⅳ	高锰酸盐指数（0.35），五日生化需氧量（0.03）
门鲁河大桥	Ⅱ	—
建边渡口	Ⅲ	—
柳家屯	Ⅱ	—
繁荣新村	Ⅲ	—
郭尼村	Ⅱ	—
郭尼中桥	Ⅱ	—
繁荣新村排干	劣Ⅴ	氨氮（2.6）
排污口上游	Ⅲ	—
嫩江排污口	劣Ⅴ	溶解氧，氨氮（46.02），总磷（15.7），五日生化需氧量（5.18），高锰酸盐指数（3.32）
排污口下游	Ⅲ	—

4.3.2.2　水质特定项目评价

评价方法为单因子评价方法，依据《地表水资源质量评价技术规程》（SL395—2007）的单因子评价法，评价标准为《地表水环境质量标准》（GB3838—2002），单项水质项目浓度超过Ⅲ类标准限值的称为超标项目。

4.3.2.3　营养状态评价

依据《地表水资源质量评价技术规程》（SL395—2007）中湖泊（水库）营养状态评价标准及分级方法对 17 个断面进行营养状态评价。尼尔基水库水源地营养状况采用尼尔基水库库末、尼尔基水库库中和尼尔基水库坝前三个断面水质数据进行评价。

营养化评价的 17 个断面中，中营养有 5 个断面，轻度营养化有 7 个断面，中度营养化有 4 个断面，重度营养化有 1 个断面。具体评价结果见表 4-6。

表 4-6　营养化状态评价表

断面名称	评分	营养化
尼尔基水库库末	57.5	轻度营养化
尼尔基水库坝前	55	轻度营养化
尼尔基水库库中	67.5	中度营养化
甘河大桥	45	中营养
欧肯河镇	45	中营养
古里乡	40	中营养
科洛河大桥	65	中度营养化
门鲁河大桥	57.5	轻度营养化
建边渡口	55	轻度营养化
柳家屯	50	中营养
繁荣新村	60	轻度营养化
郭尼村	50	中营养
郭尼中桥	55	轻度营养化
繁荣新村排干	62.5	中度营养化
排污口上游	57.5	轻度营养化
嫩江排污口	82.5	重度营养化
排污口下游	62.5	中度营养化

4.3.2.4　结果分析

尼尔基水库各断面、科洛河大桥、繁荣新村排干和嫩江排污口水质超标，主要超标项目为总磷、总氮、高锰酸盐指数和五日生化需氧量。各断面微囊藻毒素均超标，郭尼村、郭尼中桥、繁荣新村排干、排污口上游、嫩江排污口和排污口下游丁基黄原酸等有机物超标问题严重。通过现场查勘，尼尔基水库上游流域无大规模的工业、采矿业，仅有嫩江县、鄂伦春自治旗两个行政区域，且规模不大，现场调查其排污量并不大，对河流的污染有限。尼尔基水库上游流域基本为农业种植区和林场，大面积的农业种植区使用大量的化学肥料，而这些化学肥料并不能为农作物全部利用，部分可能会随雨水的冲刷及地下水汇入河流中，造成大量的氮、磷等可溶性营养盐的富集，造成水库和河流较严重的富营养化问题。

4.4 水生生物评价

4.4.1 浮游植物

4.4.1.1 群落组成

在对嫩江中上游浮游植物的鉴定中，共发现浮游植物 7 门、94 种，各门浮游植物所占比例如图 4-2 所示。就种类而言，硅藻门和绿藻门较多，分别有 36 种和 32 种，各占调查种类的 38% 和 34%；其次为蓝藻门和裸藻门，分别有 13 种和 6 种，分别占调查种类的 14% 和 7%；金藻门、隐藻门和甲藻门种类较少。蓝藻门、硅藻门和绿藻门共占总调查种类数的 86%，构成嫩江中上游浮游植物种类的主要类群。

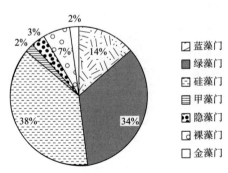

图 4-2 嫩江水系浮游植物的种类组成

嫩江中上游各断面浮游植物种类中，蓝藻门、绿藻门和硅藻门几乎在所有样点中均有检出。门鲁河大桥鉴定出浮游植物 7 门，为门类最丰富的断面，然后为甘河大桥，鉴定出浮游植物 6 门，尼尔基水库坝前、科洛河大桥、建边渡口、繁荣新村、柳家屯、喇叭口上游 1km、嫩江排污口下游 1km 共鉴定出浮游植物 5 门，尼尔基水库库末、尼尔基水库库中、欧肯河镇各鉴定出浮游植物 2 门。

总体来看中游各样点种类较多，上游和下游各样点种类略少，其中门鲁河大桥、繁荣新村种类较多，各鉴定出 28 种，然后为建边渡口、甘河大桥、柳家屯，分别鉴定出 24 种、23 种和 22 种，种类最少的为尼尔基水库库中和尼尔基水库库末，分别有 7 种和 5 种。

4.4.1.2 细胞密度

浮游植物各门的细胞密度在尼尔基水库断面最高，其中，库中细胞密度高达 252.16×10^6 个/L，坝前细胞密度为 2.18×10^6 个/L。门鲁河大桥、尼尔基水库库末、嫩江排污口下游 1km、喇叭口上游 1km 和甘河大桥的浮游植物细胞密度也较高，均超过 1×10^6 个/L，分别为 1.6×10^6 个/L、1.5×10^6 个/L、1.48×10^6 个/L、1.32×10^6 个/L 和 1×10^6 个/L。浮游植物优势度 Y 以 $Y > 0.02$ 表示优势种，嫩江中上游浮游植物优势种为铜绿微囊藻、等长鱼腥藻，其优势度分别为 0.093、0.042。

4.4.1.3 多样性评价

根据嫩江中上游浮游植物细胞密度计算 Shannon-Wiener 多样性指数，多样性指数如表 4-7 所示，总体来看根据嫩江中上游浮游植物多样性指数较高。

表 4-7 浮游植物 Shannon-Wiener 指数

监测断面	Shannon-Wiener 指数
尼尔基水库库末	1.5
尼尔基水库坝前	2.09
尼尔基水库库中	252.1
甘河大桥	0.04
欧肯河镇	—
多布库里河	0.0015
科洛河大桥	0.48
门鲁河大桥	0.3
建边渡口	0.16
繁荣新村	0.37
柳家屯	0.01
喇叭口排污口上游 1km	0.12
嫩江排污口下游 1km	0.28

根据多样性指数的大小可将其分为 5 级，生物多样性阈值的分级评价标准详见表 4-8。嫩江生物多样性等级为Ⅳ级，多样性丰富。

表 4-8　生物多样性阈值的分级评价标准

评价等级	阈值	等级描述
Ⅰ	<0.6	多样性差
Ⅱ	0.6～1.5	多样性一般
Ⅲ	1.6～2.5	多样性较好
Ⅳ	2.6～3.5	多样性丰富
Ⅴ	>3.5	多样性非常丰富

其中尼尔基水库坝前、尼尔基水库库中浮游植物多样性一般，为Ⅱ级；尼尔基水库库末、科洛河大桥、繁荣新村、柳家屯生物多样性较好，为Ⅲ级；甘河大桥、欧肯河镇、门鲁河大桥、建边渡口、喇叭口上游 1km、嫩江排污口下游 1km 生物量多样性丰富，为Ⅳ级。

4.4.1.4　浮游植物群落结构及与环境因子的关系

采用 Canoco for Windows（version4.5）软件分析浮游植物群落与环境因子的关系：选择方差膨胀因子（variance inflation factor）<20 的环境因子进入 CCA 分析，并检验各环境因子在解析浮游植物变化方差中的显著性（$p<0.05$）；pCCA（partial CCA）分析用作分析各环境因子对浮游植物变化方差的单独解析率。浮游植物数据选取在各次采样中优势度大于 10% 的种类。环境因子数据经过 lg（$X+1$）处理，浮游植物采用各种类优势度作为分析数据。

如表 4-9、图 4-3 所示，筛选各次采样中浮游植物优势度高的种类，选取假鱼腥藻、螺旋蓝纤维藻、衣藻、尖针杆藻、舟形藻等 10 个藻属进行分析。从 CCA 的分析信息统计表来看，轴 1 有较高的特征值，物种与环境相关性达 0.998。从 pCCA 的分析结果来看，溶解氧（DO）、总磷（TP）、pH、氨氮是影响水库浮游植物群落结构变化的重要因素。

表 4-9　浮游植物群落典范对应分析信息统计表

轴	1	2	3	4
特征值	0.666	0.526	0.389	0.327
物种与环境相关性	0.998	0.998	0.994	0.989
累计方差（物种）	28.4	50.8	67.4	81.4
解释率（物种与环境关系）/%	28.5	51.0	67.6	81.6

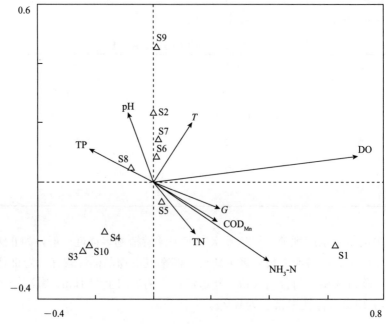

图4-3 浮游植物种类与环境因子的典范对应分析

S1，假鱼腥藻；S2，螺旋蓝纤维藻；S3，针晶蓝纤维藻；S4，衣藻；S5，扭曲小环藻；S6，尖针杆藻；
S7，变异直链藻；S8，舟行藻；S9，埃尔多甲藻；S10，啮蚀隐藻；T，水温；TP，总磷；TN，总氮；
COD_{Mn}，高锰酸盐指数；NH_3-N，氨氮；DO，溶解氧；G，电导率

4.4.2　浮游动物评价

4.4.2.1　种类组成及分布特征

对嫩江中上游 11 个断面浮游动物进行监测，共鉴定出浮游动物 19 种，其中，原生动物 7 种，占总数的 36.8%；轮虫类 5 种，占总数的 26.3%；枝角类和桡足类最少，各 2 种，各占总数的 10.5%；其他种类 3 种。其中，尼尔基水库坝前种类最多，共鉴定出 9 种；其次为尼尔基水库库中，有 8 种；再次为尼尔基水库库末，种类为 6 种；其他样点种类均较少。

4.4.2.2　浮游动物密度变化

在嫩江中上游浮游动物密度从 0 个/L 到 102 个/L 不等，平均密度为 29.43 个/L。其中，密度最大的是尼尔基水库库中，为 102 个/L；其次，是尼尔基水库坝前，为 72 个/L，原因可能是水库中浮游植物密度较高，食物较丰富。

4.4.2.3 浮游动物多样性指数变化

1. 评价方法

浮游动物多样性指数评价方法为 Margalef 指数法，指数计算方法如下：

$$R = \frac{S-1}{\ln N} \tag{4-3}$$

式中，R——多样性指数；

S——种类个数；

N——同一样品中的个体总数。

将 R 值划分为 4 个等级：$R>5$，水质清洁；$R>4$，寡污型；$R>3$，β-中污型；$R<3$，α-中污-重污型。

2. 评价结果

从水质状况来看，一般认为水体水质状况越好，浮游动物的种类越多，所以多样性指数就越高；若水体水质污染越严重，不耐污的敏感物种将减少或消失，耐污物种的种类和个数将增加，物种多样性指数就越低。

嫩江中上游各断面浮游动物多样性指数结果见表 4-10，浮游动物 Margalef 指数的范围为 0~1.74，Margalef 指数最小值出现在甘河大桥、繁荣新村，两样点在浮游动物定量样品中未检出浮游动物，最大值出现在尼尔基水库库末（1.74）。总体来看嫩江中上游表现出不稳定的多样性水平。就浮游动物水质评价而言，除尼尔基水库库末、尼尔基水库坝前、尼尔基水库库中、欧肯河镇、门鲁河大桥为 α-中污染外，其他各断面均为重污染。

表 4-10　浮游动物种类各断面 Margalef 指数

监测断面	Margalef 指数
尼尔基水库库末	1.74
尼尔基水库坝前	1.73
尼尔基水库库中	1.64
甘河大桥	—
欧肯河镇	1.35
多布库里河	0.595
科洛河大桥	0
门鲁河大桥	1.28
建边渡口	0.74
繁荣新村	—
柳家屯	0

4.4.2.4　浮游动物群落结构及其与环境因子的关系

如表 4-11、图 4-4 所示，筛选各次采样中浮游动物优势度高的种类，选取大肚须足轮虫（S1）、无节幼体（S2）、冬卵（S3）、夏卵（S4）、累枝虫（S5）、淡水筒壳虫（S6）、珊瑚变形虫（S7）、轮虫（S8）、枝角类（S9）、原生动物（S10）共 10 个属进行分析。从 CCA 的分析信息统计表来看，轴 1 有较高的特征值，物种与环境相关性达 0.998。从 pCCA 的分析结果来看，DO、COD_{Mn}、电导率是影响水库浮游动物群落结构变化的重要因素。

表 4-11　浮游动物群落典范对应分析信息统计表

轴	1	2	3	4
特征值	0.791	0.703	0.519	0.459
物种与环境相关性	0.998	0.995	0.991	0.979
累计方差（物种）	27.6	52.0	70.1	86.1
解释率（物种与环境关系）/%	27.6	52.0	70.1	86.1

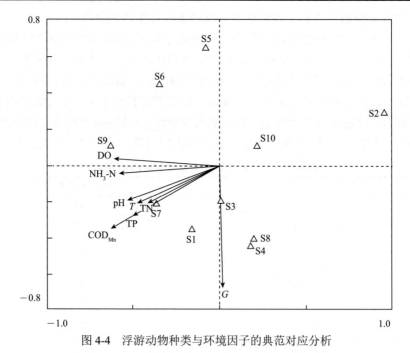

图 4-4　浮游动物种类与环境因子的典范对应分析

4.4.3　底栖动物评价

4.4.3.1　底栖动物种类组成及动态

调查所采集标本经鉴定共有底栖动物 32 种，属于水生昆虫、软体动物和环节动物寡毛类三个大类。水生昆虫 21 种，占全部种类的 65.6%，其中双翅目 14 种，蜻蜓目 3 种，蜉蝣目 3 种，毛翅目 1 种；软体动物 7 种，占全部种类的 21.9%；环节动物 3 种，占 9.4%；其他种类 1 种，占全部种类的 3.1%。EPT 昆虫（蜉蝣目 Ephemeroptera、襀翅目 Plecoptera 和毛翅目 Trichoptera 三大类群的简称）总物种数为 4 种，占调查发现的水生昆虫物种数的 12.5%。调查发现，所有底栖动物中，出现频率最高的是花翅前突摇蚊和赤卒，在所调查的 11 个断面中均出现 6 次，占 54.5%。

从分布来看，蜉蝣目、毛翅目、蜻蜓目蜓科、半翅目的划蝽科和双翅目的朝大蚊属昆虫主要分布于清洁水质，鞘翅目牙甲科和双翅目的摇蚊科拥有较多广适性的种类，在上中下游的清洁和污染水质中都有发现，而蚌螺类和寡毛纲的颤蚓类是污染水质中的优势类群。

4.4.3.2 密度和生物量

调查区内底栖动物总平均密度为 83 个/m²，其中水生昆虫 44 个/m²，占总数的 53%；软体动物 26 个/m²，占总数的 31.3%；寡毛类 12 个/m²，占总数的 14.5%；其他 1 个/m²，占总数的 1.2%。各个断面比较，底栖动物密度从高到低前三位依次为欧肯河站镇、门鲁河大桥、多布库里河。

调查区内底栖动物平均生物量为 10g/m²，其中软体动物 7.9g/m²，占总量的 79%；水生昆虫 1.64g/m²，占总量的 16.4%；寡毛类 0.4g/m²，占总量的 4%；其他 0.06g/m²，占总量的 0.6%。各个断面比较，底栖动物生物量从高到低依次为甘河大桥、门鲁河大桥、繁荣新村。

4.4.3.3 水质生物学评价

1. 评价方法

底栖动物评价方法运用 BI（biotic index）生物指数法，指数计算方法如下：

$$BI = \sum_{n=1}^{S} \frac{a_i n_i}{N} \tag{4-4}$$

式中，BI——生物指数；

　　　n_i——第 i 分类单元（属或种）的个体数；

　　　a_i——第 i 分类单元（属或种）的耐污值；

　　　N——各分类单元（属或种）的个体总和；

　　　S——种类数（段学花等，2010）。

水质评价标准：BI 为 0～3.5，极清洁；BI 为 3.51～4.5，很清洁；BI 为 4.51～5.5，清洁；BI 为 5.51～6.5，一般；BI 为 6.51～7.5，轻度污染；BI 为 7.51～8.5，污染；BI 为 8.51～10，严重污染。耐污值参考北美和部分国内学

者的相关研究确定。

2. 评价结果

BI 生物指数既考虑了底栖动物的密度，又考虑了物种本身的耐污值，增强了评价的可靠性，采用该生物指数对嫩江上游及尼尔基水库水质进行评价，结果见表 4-12。可以看出，所调查断面的健康水平总体处于清洁和轻度污染之间，柳家屯为严重污染。

表 4-12　各断面生物指数和清洁度

监测断面	BI 指数	
	指数值	水质级别
尼尔基水库库末	8.00	轻污染
尼尔基水库坝前	8.00	轻污染
尼尔基水库库中	6.13	清洁
甘河大桥	6.93	一般
欧肯河镇	7.38	一般
多布库里河	5.87	清洁
科洛河大桥	7.95	轻污染
门鲁河大桥	6.90	一般
建边渡口	6.03	清洁
繁荣新村	6.34	清洁
柳家屯	8.94	严重污染
平均	7.13	一般

本次调查断面底栖动物组成以摇蚊科水生昆虫为主，上下游底栖动物的密度和生物量差异均较大，所采集到的底栖动物当中，耐有机污染的种类占很大比例。水质评价结果显示所调查区域水体已经受到不同程度的污染。利用底栖动物对嫩江上游及尼尔基水库的水质进行监测是一个长期和连续的工作，建议继续开展该地区底栖动物状况及水质评价的研究，使对该段水体状况的监测更加全面。

4.4.3.4　底栖动物群落结构及与环境因子的关系

如表 4-13、图 4-5 所示，筛选各次采样中底栖动物优势度高的种类，选取纹沼螺（S1）、河蚬（S2）、扁蛭（S3）、霍甫水丝蚓（S4）、四节蜉（S5）、台湾长跗摇蚊（S6）、花翅前突摇蚊（S7）、云集多足摇蚊（S8）、扁蜉

（S9）、赤卒（S10）共 10 个属进行分析。从 CCA 的分析信息统计表来看，轴 1 有较高的特征值，物种与环境相关性达 0.997。从 pCCA 的分析结果来看，TN、DO、TP 是影响水库底栖动物群落结构变化的重要因素。

表 4-13　底栖动物群落典范对应分析信息统计表

轴	1	2	3	4
特征值	0.406	0.315	0.266	0.127
物种与环境相关性	0.997	0.995	0.991	0.973
累计方差（物种）	34.1	60.5	82.8	93.4
解释率（物种与环境关系）/%	34.1	60.5	82.8	93.4

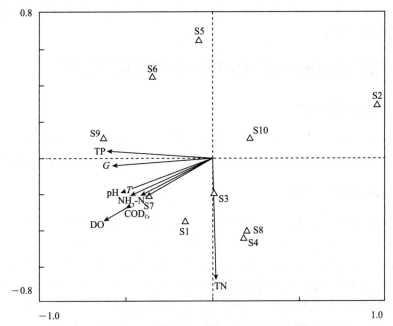

图 4-5　底栖动物种类与环境因子的典范对应分析

5

嫩江典型区域优控污染物清单解析

以嫩江流域典型区域水生态风险评估为基础，分析尼尔基水库水生态风险来源；通过时间序列分析尼尔基水库水质状况，判断尼尔基水库水生态风险胁迫因子，采用空间分布分析，通过对上游不同断面的浓度进行分析，结合上游来水、支流汇入、污染物排放与非点源排放的总量分析，最终确定尼尔基水库的优控污染物清单。

5.1 嫩江流域典型区域水质时空分布状况分析

5.1.1 时间序列分析

将 2011 年 7 月与 2012 年 7 月嫩江干流石灰窑断面水质数据（pH、氨氮、高锰酸盐指数、COD_{Mn} 及总磷）进行对比，结果说明 2011 年优于 2012 年。

5.1.2 空间分布分析

以嫩江典型区域 2014 年 8 月数据为基础进行空间分布分析，其中尼尔基水库上游干流监测断面为嫩江县排污口、嫩江县排污口上游、嫩江县排污口下游、繁荣新村、尼尔基水库库末、郭尼村排污干渠、郭尼村排污口、尼尔基水库库中、尼尔基水库坝前、尼尔基大桥，多布库尔河上的古里乡、固固河上的建边渡口、欧肯河上的欧垦河镇、门鲁河上的门鲁河大桥、科洛河上的科洛河大桥、甘河上的甘河大桥与柳家屯，以下将分指标对不同监测断面水质进行分析。

5.1.2.1 溶解氧（DO）

从图 5-1 可以看出，多布库尔河、固固河、欧肯河、门鲁河与甘河的 DO 大体相当，而科洛河的 DO 略低，嫩江干流上，排污口上游的 DO 高于排污口与排污口下游，干流上的 DO 浓度皆高于 8mg/L，郭尼中桥与尼尔基水库坝前 DO 浓度达到 10mg/L，尼尔基水库库中的 DO 浓度最高，约为 15mg/L。从 DO 的角度来看，各个支流的水质情况差异不大，由于污染物排放，嫩江排污口的水质较差，DO 较低，而在库区中，DO 明显上升，呈现出从上游到下游 DO 逐渐上升再下降的趋势，最高点出现在库中，从上游到下游的 DO 分布来看，支流汇入与污染物排放并未对库区的 DO 产生明显影响，可能与 DO 受到水体理化性质影响较为明显有关。

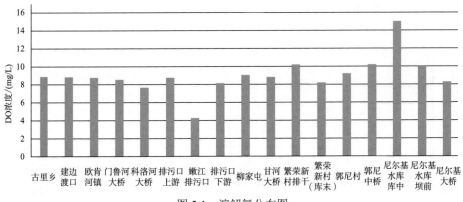

图 5-1　溶解氧分布图

5.1.2.2　高锰酸盐指数（COD$_{Mn}$）

从图 5-2 中可以看到，多布库尔河、固固河、欧肯河、门鲁河水质较好，高锰酸盐指数均低于 5mg/L，科洛河的高锰酸盐指数较高，接近 9mg/L，嫩江排污口处的高锰酸盐指数最高，超过 25mg/L，甘河的高锰酸盐指数约为 3mg/L，尼尔基水库库末高锰酸盐指数高于 5mg/L，库中高锰酸盐指数接近 10mg/L，而坝前与尼尔基大桥则为 5mg/L 以下。上游支流中，多布库尔河、固固河、欧肯河与门鲁河水质较好，科洛河水质较差，从干流的排污口上游的水质情况来看，其值约为 5mg/L，可以看到支流对于干流的影响并不明显，而排污口处高锰酸盐指数达到 25mg/L，说明排污口对嫩江流域的水质产生了明显的影响。

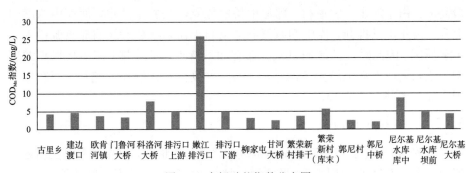

图 5-2　高锰酸盐指数分布图

5.1.2.3 五日生化需氧量（BOD₅）

由图 5-3 可以看出嫩江流域的五日生化需氧量分布情况，其中，上游支流多布库尔河、固固河、门鲁河与甘河水质情况较好。

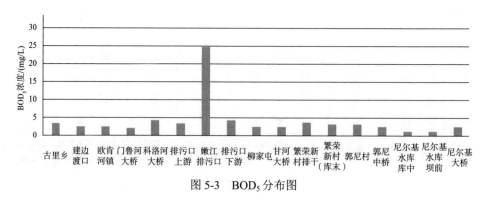

图 5-3 BOD₅分布图

5.1.2.4 氨氮（NH₃-N）

由图 5-4 可以看出，多布库尔河、固固河、欧肯河、门鲁河与甘河的氨氮浓度低于 0.5mg/L，科洛河的氨氮浓度在 0.5mg/L 与 1mg/L 之间，排污口上游浓度与排污口下游浓度都在 1mg/L 以下，仅有排污口浓度达到 47mg/L，繁荣新村的浓度在 0.7mg/L 左右，而繁荣新村排干的浓度达到 3.5mg/L 以上。在尼尔基水库中，氨氮的空间分布则呈现与高锰酸盐指数和五日生化需氧量不同的趋势，尼尔基水库库中与坝前的氨氮浓度较高，而尼尔基水库库末与郭尼村、郭尼中桥的浓度较低，其中郭尼村的氨氮浓度仅为 0.4mg/L，郭尼中桥的则仅为 0.4mg/L，而库中浓度则达到了 1.121mg/L，为尼尔基水库段最高值。由于库末、郭尼村、郭尼中桥的氨氮污染并不严重，而库中浓度却上升，因此可以推断，库中的氨氮并非来自上游，而是库区的非点源排入为主要原因。因此嫩江流域的氨氮分布有如下特点，即上游干流主要以点源影响为主，呈现出从上游到下游逐渐衰减，并受到排污影响的趋势，而在库区则为非点源排放占主导。

5.1.2.5 总氮（TN）

由图 5-5 可以看出嫩江流域示范区的总氮分布情况，其中尼尔基上游各支流中，多布库尔河、固固河、欧肯河、甘河水质较好，总氮浓度低于 1mg/L，科洛河总氮浓度为 2.283mg/L，门鲁河总氮浓度为 1.511mg/L，就总氮指标而言，科洛河与门鲁河不及其他支流，但是与嫩江干流比较，其水质较好。在嫩江干流上，最低值为排污口上游，其浓度为 1.511mg/L，嫩江排污口为最高值，浓度达到 62.967mg/L，而排污口下游浓度有所下降，为 2.195mg/L，但是由于污染物排放，在繁荣新村排干的总氮浓度上升到 10.42mg/L，到尼尔基水库库末，其总氮浓度尚有 1.802mg/L，在尼尔基水库上游河流段中，总氮的浓度受上游水体支流汇入及污染排放的影响。而在尼尔基库区则呈现出与上游干流相反的情况，郭尼村与郭尼中桥的总氮浓度分别为 1.548mg/L 和 2.618mg/L，低于库中值 3.808mg/L，而尼尔基水库坝前与尼尔基大桥的值分别为 1.66mg/L 和 1.873mg/L，并没有呈现从上游到下游递减的趋势，或者排污口点位浓度最高，下游逐渐降低的态势，明显受到库区汇水区内非点源排放的影响。

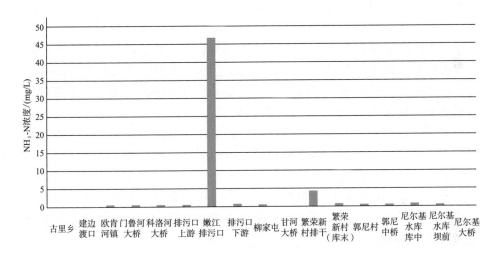

图 5-4　氨氮分布图

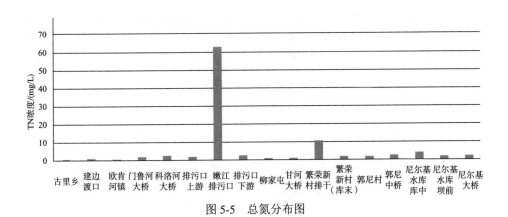

图 5-5　总氮分布图

5.1.2.6　总磷（TP）

由图 5-6 可以看出，上游支流的总磷浓度较低，其中多布库尔河古里乡的总磷浓度仅为 0.01mg/L，固固河建边渡口总磷浓度为 0.03mg/L，欧垦河总磷浓度为 0.03mg/L，科洛河与门鲁河为 0.08mg/L，甘河上游甘河大桥为 0.01mg/L，柳家屯为 0.04mg/L。而在嫩江干流上，总磷污染主要来自点源排放，其中排污口上游浓度为 0.04mg/L，为干流上最低值，嫩江排污口处浓度为 3.34mg/L，为干流上最高值，排污口下游浓度下降为 0.06mg/L，繁荣新村排干则上升为 0.1mg/L，至尼尔基水库库末繁荣新村，浓度降至 0.09mg/L。在尼尔基水库库区，则呈现出与总氮一致的趋势，即库末与坝前浓度较低，而库中浓度较高，其中尼尔基水库库中浓度达到 0.19mg/L，而库区上游郭尼村与郭尼中桥仅为 0.05mg/L 与 0.07mg/L，尼尔基水库坝前与尼尔基大桥仅为 0.05mg/L 与 0.03mg/L。从总磷空间分布看，上游支流多布库尔河、欧肯河、固固河、门鲁河、科洛河、甘河的浓度较小，难以形成对嫩江干流水质及尼尔基水库总磷浓度的影响，而在嫩江干流上主要的影响来自于嫩江县的排放与繁荣新村排放，在尼尔基库区，则呈现与干流水质分布规律相反的情况，最高值并没有出现在郭尼村与郭尼中桥，而是出现在郭尼村下游的尼尔基水库库中，说明在库区的总磷浓度更多受到非点源污染的影响。

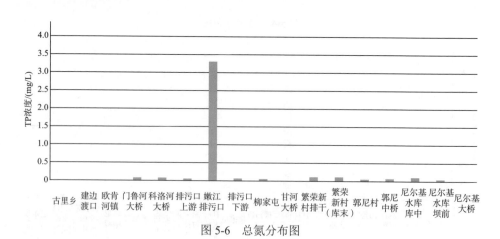

图 5-6　总氮分布图

5.1.2.7 硝酸盐

由图 5-7 可以看出嫩江流域典型区硝酸盐分布的情况,其上游支流多布库尔河、固固河水质较好,硝酸盐浓度低于 0.3mg/L,欧肯河硝酸盐浓度为0.361mg/L,门鲁河水质较差,硝酸盐浓度为 0.417mg/L,科洛河水质较好,硝酸盐浓度为 0.252mg/L。而在嫩江干流上,排污口上游硝酸盐浓度为 0.197mg/L,低于上游支流的值,可以看到硝酸盐的空间分布并不受支流汇入的影响,而嫩江排污口的浓度值为 0.68mg/L,排污口下游的浓度值为 0.518mg/L,繁荣新村排干的浓度值为 0.351mg/L,尼尔基水库库末的浓度值为 0.269mg/L。从排污情况来看,嫩江流域上游的硝酸盐分布主要受排污情况影响,主要源自点源排放。而库区表现出的规律与干流上明显不同,其中郭尼村与尼尔基水库坝前硝酸盐浓度最高,而郭尼中桥与尼尔基水库库中的值略低,其中郭尼中桥仅为0.146mg/L,库中为 0.236mg/L,坝前为 0.31mg/L,郭尼村的硝酸盐浓度较高,而尼尔基水库坝前硝酸盐浓度值上升,在没有明显排污口的情况下,可能是受到水库本身理化性质的影响。

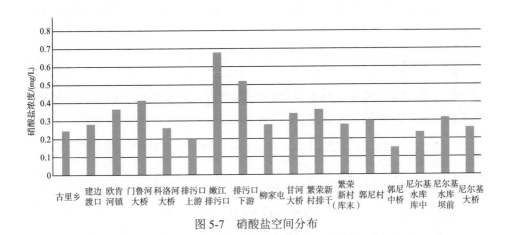

图 5-7　硝酸盐空间分布

5.1.2.8 其他

农业中化肥和农药的大规模使用,使本来影响非常小的农业生产活动变成了水体污染的主要来源。除以氮、磷、钾肥引起的水体富营养化、高残留,难降解的农药引起的水体污染外,还有金属(铜、汞、锌、镉、铬)、有毒物(砷、氰化物、挥发酚、阴离子表面活性剂)及生物总毒性等,但是各断面数据差异性较小,不具有典型的波动性,无法通过不同断面的数据差异分析其污染物的空间分布情况,因此仅就以上指标进行了空间分布的相关分析。

5.2 嫩江流域典型区污染物来源分析

5.2.1 计算方法与数据统计

5.2.1.1 计算方法

尼尔基水库上游水系发达，具有多条支流，包括多布库尔河、固固河、欧肯河、门鲁河、科洛河及甘河，上游区干流有多个排污口，包括嫩江县生活污水排污口及嫩江县工业废水排污口等，同时由于降雨、地表径流冲刷等，有一部分污染物以非点源排放的形式输入水体中，尼尔基水库上游区总氮、总磷排放量可以依据以下公式进行计算：

$$TN = \sum_{i=1}^{6} TN_{t_i} + TN_u + \sum_{i=1}^{2} TN_{e_i} + TN_n \tag{5-1}$$

式中，TN 为尼尔基水库上游区总氮排放量；TN_t 为上游支流总氮的排放量；TN_u 为上游来水中总氮的排放量；TN_e 为嫩江干流上排污口的总氮排放量；TN_n 为嫩江上游区非点源排放的总氮量。

与总氮计算公式类似，尼尔基水库上游区总磷排放量可以依据以下公式计算：

$$TP = \sum_{i=1}^{6} TP_{t_i} + TP_u + \sum_{i=1}^{2} TP_{e_i} + TP_n \tag{5-2}$$

式中，TP 为尼尔基水库上游区总磷排放量；TP_t 为上游支流总磷的排放量；TP_u 为上游来水中总磷的排放量，TN_e 为嫩江干流上排污口的总磷排放量；TP_n 为嫩江上游区非点源排放的总磷量。

1. 支流汇入计算

上游支流汇入采用年均排放量计算，计算公式如下：

$$TN_{t_i} = Q_{t_i} \times CN_{t_i} \tag{5-3}$$

式中，TN_{t_i} 为第 i 条支流流入干流的总氮排放量；Q_{t_i} 为第 i 条支流的年平均流量，CN_{t_i} 为第 i 条支流的总氮浓度。同理，可以按照以下公式计算第 i 条河流汇入干流的总磷浓度：

$$TP_{t_i} = Q_{t_i} \times CP_{t_i} \tag{5-4}$$

式中，TP_{t_i} 为第 i 条支流汇入干流的总磷排放量；CP_{t_i} 为第 i 条支流的总磷浓度。

2. 上游来水计算

研究区段除支流汇入外，还有上游来水。与支流汇入类似，上游来水也以

浓度与流量为基础计算，其总氮排放量可以表示为

$$TN_u = Q_u \times CN_u \tag{5-5}$$

式中，TN_u 为上游来水中总氮的排放量；Q_u 为上游来水的流量；CN_u 为上游来水中总氮的浓度。与总氮的计算类似，上游来水的总磷计算公式可以表达为

$$TP_u = Q_u \times CP_u \tag{5-6}$$

式中，TP_u 为上游来水中总磷的排放量；CP_u 为上游来水中总磷的浓度。

3. 污染物排放计算

研究区污染物主要来源除上游来水、支流汇入外，还有一个重要点源，即排污口排放。此处采用排污口的排污数据与排污口的污废水排放数据进行计算，其总氮排放量的计算可以表达为

$$TN_{e_i} = Q_{e_i} \times CN_{e_i} \tag{5-7}$$

式中，TN_{e_i} 为第 i 个排污口排放的总氮量；Q_{ei} 为第 i 个排污口排放的污水量；CN_{e_i} 为第 i 个排污口排放的污水中总氮的浓度。

同理，第 i 个排污口的总磷排放量可以依据以下公式进行计算：

$$TP_{e_i} = Q_{e_i} \times CP_{e_i} \tag{5-8}$$

式中，TP_{e_i} 为第 i 个排污口排放的总磷量；CP_{e_i} 为第 i 个排污口排放污水的总磷浓度。

需要注意的是，此处的污染物仅包括干流上的排污口排放量，不包括支流上的排污口，这是由于支流上的排污口汇入支流，已通过支流汇入的方式进入干流水体中，因此，为避免重复计算，此处的排污口仅为干流上的排污口。

4. 非点源排放计算

非点源污染物排放的计算采用输出系数法对不同用地类型下的总氮、总磷排放量进行计算。将用地类型分为五类，分别是耕地、林地、草地、荒地与城镇。因此，非点源排放的总氮量可以按照以下公式进行计算：

$$TN_n = \sum_{i=1}^{5} Cn_i \times LC_i \tag{5-9}$$

式中，TN_n 为非点源排放的总氮量；Cn_i 为第 i 种用地类型的总氮输出系数；LC_i 为第 i 种用地类型的面积。同理，计算非点源排放的总磷量如下：

$$TP_n = \sum_{i=1}^{5} Cp_i \times LC_i \tag{5-10}$$

式中，TP_n 为非点源排放的总磷量；Cp_i 为第 i 种用地类型的总磷输出系数；LC_i 为第 i 种用地类型的面积。

此处需要注意的是，非点源排放由于与地表径流相关，支流汇水区中的非点源污染进入支流后，以支流汇入的形式进入干流之中，因此，不应再计算支流汇水区中的非点源排放情况。

5.2.1.2 数据情况

由于研究区域范围较大，所包含数据较多，从数据的统一性出发，采用尼尔基水库上游区 2014 年水质监测数据的总氮、总磷浓度，各个监测断面的流量采用水文年鉴数据，由 2009～2011 年三年平均数据得出，排污数据采用 2011～2013 年排污口排放统计数据，上游来水采用 2014 年水质监测数据的总氮、总磷浓度，流量数据由 2009～2011 年三年平均数据得出，非点源排放部分，采用 2014 年 Landsat 8 OLI 数据进行解译。

1. 支流水质

支流水质情况采用 2014 年水质监测数据，以不同断面的总氮、总磷浓度表示不同支流的水质情况，具体数据如表 5-1 所示。

表 5-1　上游支流总氮、总磷浓度　　　　　　　　　单位：mg/L

断面名称	支流	TP	TN
古里乡	多布库尔河	0.01	0.606
建边渡口	固固河	0.03	0.903
欧肯河镇	欧肯河	0.03	0.803
门鲁河大桥	门鲁河	0.08	1.600
科洛河大桥	科洛河	0.08	2.283
柳家屯	甘河	0.04	1.107

支流的流量情况采用水文年鉴 2009～2011 年三年数据平均值进行计算，不同支流的流量情况如表 5-2 所示。

表 5-2　上游支流流量情况

断面名称	支流	流量/(m³/s)	备注
古里水文站	多布库尔河	38.5	水文年鉴
—	固固河	7.0	计算值
—	欧肯河	7.0	计算值
—	门鲁河	24.1	文献查阅
科后水文站	科洛河	20.0	水文年鉴
柳家屯水文站	甘河	117.5	水文年鉴

支流流量情况依据 2009～2011 年水文年鉴数据进行平均计算，其中，多

布库尔河（古里水文站）、科洛河（科后水文站）、甘河（柳家屯水文站）的数据由水文年鉴得到，通过文献查询，门鲁河的多年平均流量为 24.1m³/s（梁琦和殷平，2006）。依据水文年鉴中给出的上游来水流量（石灰窑水文站）及下游流出流量（库莫屯水文站），推算两个断面之间的未知支流流量，即固固河与欧肯河流量。此处假设地下水补给量与地表水蒸发量相等。干流中的水量增加仅由支流汇入引起，则有

$$Q_{库莫屯}=Q_{石灰窑}+Q_{古里}+Q_{门鲁}+Q_{欧肯}+Q_{固固} \tag{5-11}$$

式中存在欧肯河与固固河两个未知量，无法求解，但是从表 5-1 中 TN、TP 的浓度可以看出，欧肯河与固固河的总磷浓度一致，都为 0.03mg/L，总氮浓度相差不多，固固河为 0.903mg/L，欧肯河为 0.803mg/L，因此，对两河流量进行分配的结果实际上对其排放的总氮、总磷的量影响并不明显。

2. 上游来水情况

在 2014 年 8 月的水质监测数据中，通过石灰窑断面三年平均数据与排污口上游水质数据的对比如表 5-3 所示。

表 5-3　石灰窑与排污口上游监测数值对比　　　　　　单位：mg/L

	石灰窑	排污口上游
计算方法	实测值（三年平均）	2014 年实测值
总磷	0.04	0.04
氨氮	0.493	0.577
总氮	1.298	1.511

上游来水流量则以水文年鉴中石灰窑断面三年均值为流量值进行计算，其值为 86.5 m³/s。

3. 沿河排污口情况

如前所述，支流上排污口的总氮、总磷已经随支流汇入干流之中，沿河排污部分不进行单独计算，此处仅计算干流上的排污口情况，如表 5-4 所示，在干流上主要的排污口有两个，分别是嫩江县污水处理厂生活污水排污口与嫩江县喇叭河工业废水排污口。由于排污口监测数据仅有 2011～2013 年数据，为避免平均值降低排污口对污染排放的影响，此处采用三年数据中的最大值进行计算。

表 5-4　干流排污口排放量情况

排污口	总氮/（t/a）	总磷/（t/a）
嫩江污水处理厂	205	12.1
嫩江喇叭河	22.5	0.88

4. 非点源排放数据

非点源排放数据主要采用输出系数法，涉及数据分别是尼尔基水库上游林地、草地、耕地、荒地与城镇五种用地类型面积，以及五种用地类型不同的输出系数。如表 5-5 所示。

表 5-5　不同用地类型的输出系数　　　　　单位：t/(km²·a)

用地类型	TN	TP
耕地	2.9	0.09
林地	0.238	0.015
草地	1	0.02
城镇	1	0.024
荒地	1.49	0.051

从表 5-5 中可以看出，总氮排放的输出系数以耕地最高，每年每平方公里达到 2.9t，总磷排放同样是耕地最高，每年每平方公里达到 0.09t，林地的非点源输出较少，其中总氮排放量仅为 0.238t/(km²·a)，总磷量为 0.015t/(km²·a)，通过计算水库上游的不同用地类型的面积，推算出其非点源排放污染物的量，上游支流的非点源排放通过地表径流汇入支流中，并由支流汇入以点源排放的形式进入干流中。为方便计算，本研究以高程数据为基础，进行汇水区的划分，基础数据为 SRTM DEM 数据，如图 5-8 所示（见书后彩图）。

在高程数据的基础上，采用美国农业部 SWAT 模型（soil-water assessment tools）基于 ArcGIS 开发的模型组件 ArcSWAT 进行汇水区划分，其工作原理是以高程为基础自动生成水系，并依据干流与支流的交汇点及高程数据划分汇水区。

图 5-9 为尼尔基水库上游水系（见书后彩图）。整个汇水区的面积包括从嫩江干流发源地到尼尔基水库入库的嫩江干流，也包括上游支流——多布库尔河、欧肯河、固固河、门鲁河、科洛河及甘河的广大汇水区域，因此，需要在图 5-9 的基础上，对整个上游水系的汇水区域进行划分。

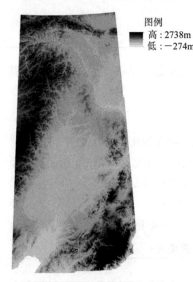

图例
高：2738m
低：−274m

图 5-8　SRTM DEM 高程数据

由图 5-10（见书后彩图）可以看到尼尔基水库上游区支流及汇水区划分情况，根据本项目研究所需确定汇水区面积，分别为图中 1～5 号区域，即嫩江干流石灰窑到尼尔基水库入库点的汇水区域，经过计算，1 号区域面积为 460 671 300m²，2 号区域面积为 597 366 900m²，3 号区域为 646 671 600m²，4 号区域为 756 118 800m²，5 号区域面积为 623 408 400m²，总计约为 3084.237km²。

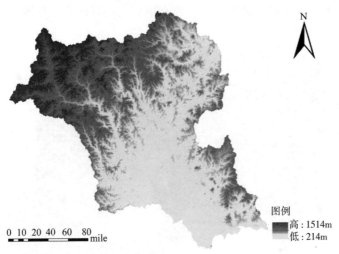

图 5-9　尼尔基水库上游汇水区高程图[①]

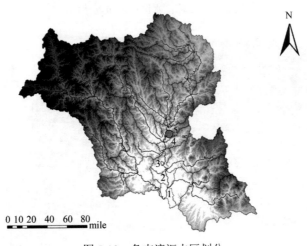

图 5-10　各支流汇水区划分

---

①1mile=1.609 344km

　　根据尼尔基水库地理位置，以及上游支流区所在地理位置，以美国 Landsat 8 OLI 遥感数据为基础，2014 年 7～10 月的行号为 119～121、列号为 25～26 范围内的 6 景图片覆盖整个研究区，而后采用区域 1～5 对整合后的 6 景图片进行处理，通过遥感图片处理软件 ENVI，对 6 景图片进行镶嵌处理，而后按照 1～5 号区域范围，对镶嵌处理后的卫片进行剪裁处理，得到区域 1～5 范围内的遥感图像。以以上遥感影像为基础，在 ENVI 平台下，对卫片进行目视解译与监督分类，采用最大似然法对土地利用分类进行研究。如图 5-11、图 5-12 所示（见书后彩图）。

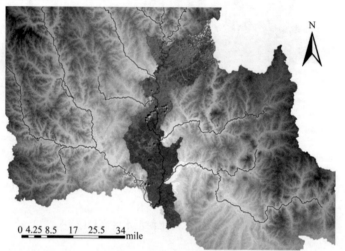

图 5-11　干流汇水区内卫星遥感图片

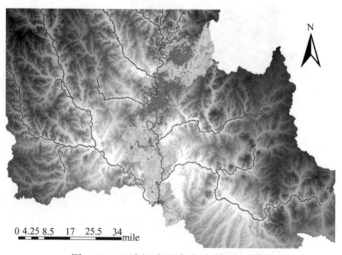

图 5-12　干流汇水区内土地利用情况图

5.2.2　污染物来源解析

5.2.2.1　支流汇入

由式（5-3）和式（5-4），可以看到尼尔基水库上游地区的支流汇入排放情况如图 5-13 与图 5-14 所示。

从图 5-13 中可以看出，上游支流排放的总磷量较大，其中，以甘河排放量最大，为 148.2t/a，固固河、欧肯河排放量最小，均为 6.6t/a，多布库尔河排放量为 12.1t/a，门鲁河排放量为 60.8t/a，科洛河排放量为 50.4t/a，总排放量达到 284.9t/a。而从图 5-14 中可以看出上游支流总氮排放情况，与总磷排放规律相似，排放量最大的仍为甘河，达到 4101.9t/a，最小值为欧肯河，排放量为 177t/a，固固河排放量为 199t/a，门鲁河排放量为 1216t/a，科洛河排放量为 1439.9t/a，总排放量为 7870.3t/a。

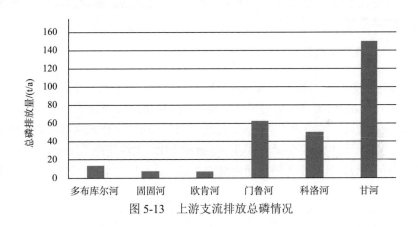

图 5-13　上游支流排放总磷情况

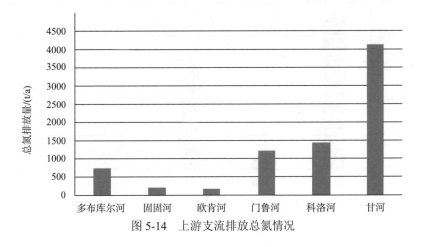

图 5-14　上游支流排放总氮情况

5.2.2.2 上游来水浓度

上游来水中总氮浓度较高，达到 1.511mg/L，总磷浓度达到 0.04mg/L，总氮排放量达到 4121.8t/a，总磷排放量则为 109.1t/a。对比上游来水与支流汇入，可以看到上游来水的总氮浓度较大，超过所有支流汇入量，但是总氮排放量较小，仅为 109.1t/a，小于上游支流甘河汇入。

5.2.2.3 沿河排污量

按照嫩江县污水处理厂生活排污与工业排污近三年的最大值，可以看到沿江污染排放量总氮的值为 227.5t/a，总磷为 12.98t/a，沿河排污量远小于上游支流汇入与上游来水汇入，但是排污口与支流及上游来水汇入的位置，沿河排污口更接近尼尔基水库，同时，沿江排放的总氮、总磷量高于欧肯河与固固河的排放量。

5.2.2.4 非点源排放

五种用地类型的面积采用 Arcgis 软件进行统计，在不重复计算的前提下，干流汇水区共有五种用地类型，分别为耕地面积 589.8km^2、林地面积 867.4km^2、草地面积 1656.4km^2、城镇面积 23km^2、荒地面积 3.5km^2，考虑该区域内的水体面积 31.2km^2，则总面积 3085.4km^2，与划分时面积相比，大约超过 1.2km^2。根据表 5-5 给出的输出系数，计算出不同用地类型的总氮、总磷排放量，如图 5-15、图 5-16 所示。

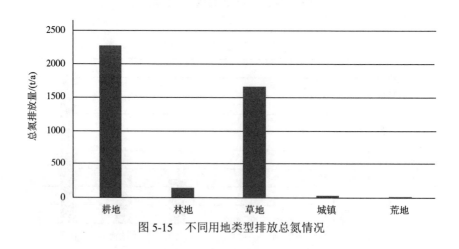

图 5-15 不同用地类型排放总氮情况

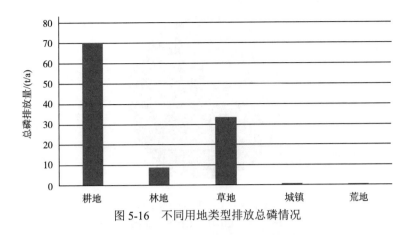

图 5-16 不同用地类型排放总磷情况

由图中可以看出，耕地排放总氮量最大，达到2266.1t/a，最少的是荒地，仅为5.3t/a，其他如林地排放量为140.4t/a，草地排放量为1656.4t/a，城镇排放量为23.0t/a，干流汇水区非点源排放总氮量为4091.2t/a；总磷排放量较大的两种用地类型分别为耕地与草地，分别达到 70.3t/a 与 33.1t/a，排放量最少的是城镇与荒地，仅为 0.55t/a 与 0.18t/a，林地的总磷排放量为 8.8t/a，共计排放总磷量为 112.93t/a。

5.2.2.5 结果分析

如图 5-17、图 5-18 所示，对尼尔基水库上游区污染物排放的量进行对比分析，以确定对尼尔基水库有较大影响的污染源。

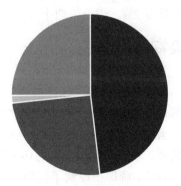

■支流 ■上游 ▨排污口 ■非点源

图 5-17 总氮排放来源分布图

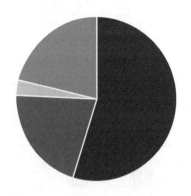

■支流 ■上游 ■排污口 ■非点源

图 5-18　总磷排放来源分布图

由图 5-17 可以看出，上游支流排放量占据较大比例，达到 48%，非点源排放与上游来水排放均达到 25%，而沿江排污口排放占 2%，上游的支流中多布库尔河、欧肯河、固固河、门鲁河与科洛河距离尼尔基水库较远，因此其对于总的排放量的影响小于 48%。同时，甘河距离尼尔基水库入库点距离较近，而其排放量较大，达到 4101.9t/a，与上游来水与非点源排放量大致相当。因此，在总氮排放中，主要的排放来源为支流汇入、上游来水与非点源排放。虽然沿江排污口排放量较小，但是距离尼尔基水库入库点较近，因此以上四个因素都需要考虑。

由图 5-18 可以看到，总磷排放量的分布图与总氮分布类似，其中上游支流排放量最大，占据比例达到 55%，上游排放量占 21%，而非点源排放达到 22%，沿江排污口的排放量占 2%，因此，四个因素都需要考虑。

5.3　优先控制污染物清单编制

5.3.1　筛选原则

对于优先污染物的筛选主要是筛选出对水环境影响较大、对水生生物和人体健康具有不同程度的危害的一类水体污染物，然后对这类优先控制清单的污染物进行优先的控制和处理，着重考虑污染物的环境存在性、污染物的毒性和水生生物对污染物的毒性效应，确保在控制了优先污染物清单上的污染物后能基本控制流域的水污染问题，在此基础上，确定了适用于嫩江流域示范区优先控制污染物的三条筛选原则：环境检出率、毒性效应、生物效应。

5.3.1.1　环境检出率

在考虑水体中污染物的危害程度上检出率是一项重要指标，通过对各个不同的水体进行检测，由某个污染物在不同水体中被检出的频次，统计出该污染物的检出频率，这个参数反映了某种化合物是否存在于环境中，并且还能反映其存在于环境的广泛性。检出率较高的污染物在水环境中的存在较为广泛，对水环境生态系统的影响较大，和人体接触的能力越强对人体的健康可能产生影响的越大，因而在优先污染物控制清单的筛选上污染物在水环境中的检出率也要优先考虑。

5.3.1.2 毒性效应

在优先污染物控制清单的筛选上要着重考虑污染物的毒性效应，污染物大多对环境与人类健康具有危害。研究证明，有些污染物与水生生物或人一次少量接触就会产生严重的急性毒性效应，而与某些有毒化学物质接触，不仅会产生急性效应，而且会产生更为危险的滞后效应。因而在污染物筛选过程注重毒性效应时要同时考虑污染物的急性毒性、慢性毒性和三致毒性。急性毒性指机体（人或实验动物）一次（或 24h 内多次）接触外来化合物后引起的中毒效应，甚至死亡。急性毒性指标一般用致死剂量水平来体现，常用的参数是 LD50（半致死剂量）和 LC50（半致死浓度），这些参数是定量的，能较为直观地反映污染物的急性毒性程度。慢性毒性指化学物对生物体长期低剂量作用后所产生的毒性，染毒期限 1～2 年。由于慢性毒性最终的毒性效应一般都是由致畸性、致突变、致癌性体现出来，因而慢性毒性效应归纳到三致毒性中，所以三致毒性数据的收集至关重要，根据三致毒性存在与否进行判断，如在致癌方面分为"致癌""致肿瘤""可疑致肿瘤"三级差别。

5.3.1.3 生物效应

污染物的毒性效应不应单考虑其污染物本身的物理化学性质，还要考虑其产生的环境效应，因而在污染物优先控制清单的筛选上要考虑水生生物的降解、生物富集，生物毒性也是筛选过程的重要指标。一般情况下，难降解、残留期长的污染物在环境中更容易传播，且接触的可能性往往正比于在环境中的停留时间，对流域的生态环境和人体健康的影响可能较大，因此，水生生物对污染物的降解性是影响环境的一个主要参数。生物富集指生物从周围环境中蓄积某种难降解化合物，使生物有机体内该物质的浓度超过环境中的浓度的现象，在生物体中，由于污染物的积累，会产生更大的毒性效应，由于有毒物质的富集，低等生物进入食物链后，会对人体造成更大的危害，因此，水生生物对污染物的富集能力也是研究过程的重要参数。

5.3.2 污染物优先控制清单的确定

污染物优先控制清单的确定，对于嫩江流域示范区水域的污染物控制，及流域内的生态环境和人体健康具有重要意义。嫩江流域示范区为尼尔基水库至石灰窑断面的水域，包括尼尔基水库、嫩江干流及部分支流，是嫩江流域重要的江段。要对进入水体的种类繁多的所有物质进行监测非常困难，因此，需要筛选出优控污染物，重点控制那些对水生态系统危害大的污染物，优先控制这些污染物，也就在总体上控制了嫩江典型区域的生态风险。

在嫩江流域示范区 2010～2014 年水质监测数据的基础上，首先排除众多监测项目中的对优先控制清单没有影响的常规监测数据，将剩余的可疑污染物（可能作为优先控制污染物污染物）作为初始清单进行筛选工作；然后对初始清单进行研究，与国内外优先控制的污染物名单进行对比，在确定的筛选原则的基础上对初筛清单进行进一步的筛选，最终得到污染物优先控制清单作为嫩江流域示范区水环境污染物管理的优先控制管理名单。

5.4 嫩江流域示范区优先控制污染物的筛选

优先控制污染物的筛选是在嫩江流域示范区 2010～2014 年水质监测数据的基础上，结合上述筛选原则来进行的。

5.4.1 优先污染物的筛选线路图

充分考虑污染物水环境中的检出率、污染物的生物毒性效应和水生生物的降解富集，筛选出嫩江流域示范区优先控制污染物清单。其筛选程序为初始清单—初筛清单—优先污染物清单，总体筛选线路如图 5-19 所示。

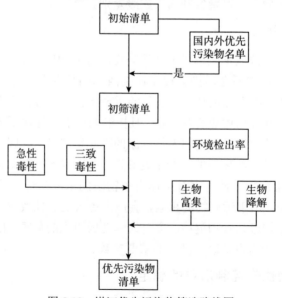

图 5-19　嫩江优先污染物筛选路线图

5.4.2 初始清单的确定

初始清单的确定就是对嫩江流域示范区 2010～2014 年水质监测数据进行初步统计和筛选，去除常规的监测项目（温度、pH、流量、污水排放量、电导率、总硬度等）和对水环境质量没有影响的监测项目（叶绿素、透明度、蓝藻门、甲藻门、金藻门、黄藻门、硅藻门、裸藻门、绿藻门等），得到一个由水环境中可疑污染物（可能作为优先污染物控制清单的污染物）组成的初始清单。

5.4.3 初筛清单

在嫩江流域示范区 2010～2014 年水质监测数据初步筛选的基础上，确定检测的 99 种污染物作为初始清单，然后结合中国优先污染物黑名单和美国环境保护局（USEPA）重点控制污染物作为参考，而 USEPA 重点控制污染物则是美国根据生态环境特点确定的对生态环境和人体健康影响较大的污染物作为优先控制清单。凡是在黑名单和重点控制污染物名单中出现过的污染物就可以确定为会对嫩江流域示范区的生态环境和人体健康造成影响，因而将其确定为初筛清单。经过筛选，确定了 44 种污染物作为初筛清单，如表 5-6 所示。

表 5-6　检测项目表

序号	检测项目	USEPA	黑名单
1	溶解氧		
2	高锰酸盐指数		
3	化学需氧量		
4	五日生化需氧量		
5	氨氮		
6	总磷		
7	总氮		
8	铜	√	√
9	锌	√	
10	铊	√	
11	氟化物		
12	硒	√	
13	砷	√	√
14	汞	√	√
15	镉	√	√
16	六价铬	√	√
17	铅	√	√
18	氰化物	√	√
19	挥发酚		
20	石油类		
21	阴离子表面活性剂		

续表

序号	检测项目	USEPA	黑名单
22	硫化物		
23	粪大肠菌群		
24	铁		
25	锰		
26	硫酸盐		
27	氯化物		
28	硝酸盐		
29	亚硝酸盐		
30	苯乙烯		
31	氯仿		
32	微囊藻毒素-LR		
33	丁基黄原酸		
34	阿特拉津		
35	溴氰菊酯		
36	苯并[a]芘	√	√
37	百菌清		
38	甲萘威		
39	钡		
40	铍	√	√
41	钴		
42	钼		
43	镍	√	√
44	锑	√	
45	钒		
46	2,4-二氯酚		√
47	2,4,6-三氯酚		√
48	邻苯二甲酸二丁酯	√	√
49	邻苯二甲酸二（2-乙基己基）酯		√
50	苯	√	√
51	甲苯	√	√
52	乙苯	√	√
53	异丙苯		
54	氯苯	√	√
55	二甲苯		√
56	1,2-二氯苯	√	√
57	1,4-二氯苯	√	√
58	四氯化碳		√
59	三氯甲烷	√	√
60	丙烯醛	√	
61	吡啶		

续表

序号	检测项目	USEPA	黑名单
62	乙醛		
63	丙烯腈		√
64	松节油		
65	三溴甲烷	√	
66	邻-二硝基苯		√
67	对-二硝基苯		
68	二氯甲烷	√	√
69	2,4,6-三硝基甲苯		√
70	1,2-二氯乙烷	√	√
71	邻-硝基氯苯		
72	间-硝基氯苯		√
73	对-硝基氯苯		
74	环氧氯丙烷		
75	丙烯酰胺		
76	氯乙烯	√	
77	2,4-二硝基氯苯		
78	三氯乙烯	√	
79	水合肼		
80	四氯乙烯	√	
81	苦味酸		
82	六氯丁二烯		√
83	p,p′-DDE		
84	p,p′-DDT	√	√
85	p,p′-DDT		
86	p,p′-DDD	√	√
87	甲醛		
88	林丹		
89	三氯乙醛		
90	环氧七氯		
91	1,3,5-三氯苯		
92	1,2,4-三氯苯		√
93	1,2,3-三氯苯		
94	硼		
95	1,2,4,5-四氯苯		
96	1,2,3,4-四氯苯		
97	钛		
98	六氯苯	√	√
99	2,4-二硝基甲苯	√	√

5.5 确立尼尔基水库优先污染物控制清单

污染物的环境检出率体现污染物是否存在于环境中，和其存在于环境的广泛性。本研究以嫩江流域示范区 2010～2014 年水质监测数据为基础，统计初筛清单中 44 种污染物监测数据，以某种污染物在水环境中的检出次数与检测次数的比值确定其检出的频率即为该污染物在水环境中的检出率。

毒性效应是筛选过程中的重要原则，能体现污染物对水生生物和人体健康的危害程度，研究中急性毒性的确定是用半致死剂量（LD50）表示，以大鼠一次经口的 LD50 的剂量为基准，将 LD50≤1000mg/kg 的计量记为急性毒性，由于有些污染物的 LD50 未知，所以在急性毒性确定时同样参考污染物与人体接触时所造成的生理反应程度确定其有无急性毒性，如 1g 铊对人体致死确定其具有急性毒性。污染物的三致毒性致畸性、致突变、致癌性是由查阅污染物的特性确定的，而水生生物对污染物的降解和富集能力是结合污染物的物理化学性质及水环境中的生物特点确定的。对 44 种污染物的环境检出率、急性毒性、三致毒性、生物降解和富集能力进行统计，作为优先控制污染物筛选的依据。如表 5-7 所示。

表 5-7　尼尔基水库优先污染物初筛清单

序号	污染物	环境检出率/%	急性毒性	三致毒性	生物效应
1	铜	0			
2	锌	0			
3	铊	28.6	√		
4	硒	0			
5	砷	89.2	√	√	富集
6	汞	20.2			富集
7	镉	2.5		√	富集
8	六价铬	1.4	√	√	富集
9	铅	0		√	富集
10	氰化物	0	√		
11	苯并[a]芘	0	√	√	降解
12	铍	0		√	
13	镍	0		√	
14	锑	0		√	富集
15	2,4-二氯酚	0	√		降解
16	2,4,6-三氯酚	0	√		降解
17	邻苯二甲酸二丁酯	100	√		降解
18	邻苯二甲酸二(2-乙基己基)酯	0			降解
19	苯	9		√	富集
20	甲苯	0			降解
21	乙苯	0			降解
22	氯苯	0			降解
23	二甲苯	0			降解

序号	污染物	环境检出率/%	急性毒性	三致毒性	生物效应
24	1，2-二氯苯	10	√	√	富集
25	1，4-二氯苯	30	√		富集
26	四氯化碳	20		√	降解
27	三氯甲烷	10	√		降解
28	丙烯醛	0	√	√	富集
29	丙烯腈	0	√	√	富集
30	三溴甲烷	0	√		降解
31	邻-二硝基苯	20		√	降解
32	二氯甲烷	0			降解
33	2，4，6-三硝基甲苯	0			降解
34	1，2-二氯乙烷	0	√		降解
35	间-硝基氯苯	0			富集
36	氯乙烯	0	√	√	降解
37	三氯乙烯	0		√	降解
38	四氯乙烯	0		√	降解
39	六氯丁二烯	0		√	降解
40	p，p′-DDT	0	√	√	富集
41	p，p′-DDD	0	√	√	富集
42	1，2，4-三氯苯	0	√		富集
43	六氯苯	0			富集
44	2，4-二硝基甲苯	0		√	降解

结合图 5-19 的筛选路线对 44 种污染物进行筛选。首先，考虑到 44 种污染物为中国污染物黑名单和 EPA 污染物优先控制名单中都存在，对生态环境造成严重的影响，所以在研究区的水环境中检出其中的污染物会对水环境以及人体健康造成危害，因而把环境检出的污染物（检出率大于 0）的均纳入优先控制清单；其次，具有急性毒性的污染物会对水生生物和人体造成较大伤害，将初筛清单的 44 种污染物中具有急性毒性（LD50≤1000mg/kg）的污染物纳入优先控制清单；最后，综合考虑初筛清单污染物的三致毒性和生物富集、降解能力，将具有三致毒性和生物富集能力较强的污染物纳入优先污染物控制清单。筛选出对生态环境影响较大的具有代表性的 27 种主要污染物作为尼尔基水库的污染物优先控制清单，如表 5-8 所示。

其中砷、汞、铊、镉、六价铬、邻苯二甲酸二丁酯、苯、1，2-二氯苯、1，4-二氯苯、四氯化碳、三氯甲烷、邻-二硝基苯为环境检出率大于 0 的，邻苯二甲酸二丁酯甚至达到 100%检出率，说明其在环境中广泛存在，对生态环境具有较大威胁；氰化物、苯并[a]芘、丙烯醛、丙烯腈、三溴甲烷、氯乙烯、

p, p′-DDT、p, p′-DDD、2, 4-二硝基甲苯、2, 4-二氯酚、2, 4, 6-三氯酚、1, 2-二氯乙烷、1, 2, 4-三氯苯、铅、锑为具有生物急性毒性或者具有三致毒性而且水生生物难降解能富集的污染物。研究确定的污染物优先控制清单充分考虑了污染物的水环境检出率、污染物的水环境毒性效应以及水生生物的降解富集能力，同时结合嫩江流域示范区的水环境特点，具有嫩江流域示范区的区域特点，可以作为尼尔基水库的污染物优先控制清单。

表5-8　尼尔基水库污染物优先控制清单表

序号	污染物	序号	污染物	序号	污染物
1	砷	10	1, 2-二氯苯	19	氰化物
2	汞	11	1, 4-二氯苯	20	苯并[a]芘
3	铊	12	四氯化碳	21	p, p′-DDT
4	镉	13	三氯甲烷	22	p, p′-DDD
5	六价铬	14	丙烯醛	23	2, 4-二硝基甲苯
6	铅	15	丙烯腈	24	2, 4-二氯酚
7	邻苯二甲酸二丁酯	16	三溴甲烷	25	2, 4, 6-三氯酚
8	锑	17	邻-二硝基苯	26	1, 2-二氯乙烷
9	苯	18	氯乙烯	27	1, 2, 4-三氯苯

6

尼尔基水库生态风险评估指标体系研究

根据建立评价体系的基础依据和基本原则，将区域生态风险评估的各项分指数构筑成一个树状层次结构，分为四层：目标层、类别层、要素层和指标层。其中包括总目标层、类别层 2 项、要素层 5 项、指标层 16 项。目标层为尼尔基水库生态风险评估，一级指标包含水华风险指数和污染风险指数 2 个评价系统；二级指标为 5 个标准，是一级指标的内涵和诠释；三级指标为评估指标，是对二级指标最基本的评价要素，把尼尔基水库生态风险评估进行具体的定性和定量，从根本上反映四个评价层的关系和动力。指标层可以通过定义设定进行测量，从而通过定量实现综合全面的效益评价结果。

6.1 生态风险评估指标体系的构建方法

6.1.1 生态风险评估指标体系的基本层次

通过分析尼尔基水库水生态现状，建立嫩江流域典型区域生态风险评估指标体系，包括以下四个基本层次。

6.1.1.1 目标层

目标层表述的是评价指标体系的评价主体，所有的指标选取都要围绕这一主体展开，就本次研究项目而言，目标层为尼尔基水库生态风险评估。

6.1.1.2 类别层

类别层是在分析评估指标体系目标层表述含义基础上提炼出的，用以说明指标体系要重点评估的层面，包括"水华风险指数"与"污染风险指数"两个层面。

6.1.1.3 要素层

要素层是在类别层的基础上划分出来的要素指标，用以说明类别层中包含的子类别。要素层包括水生态指数、水环境指数、富营养化指数、常规污染指数和有机污染物指数五个层面。

6.1.1.4 指标层

指标层是在要素层的基础上提出来的细化指标，本次研究共提出 16 个指标，具体情况如下：在水生态指数中，采用藻类生物多样性、浮游动物及底栖动物表示尼尔基水库的水生态状况；水环境指数中包括水温、pH、溶解氧等水环境监测指标；根据尼尔基水库近年来富营养化情况，选择高锰酸盐指数、总磷、总氮、叶绿素 a 作为富营养化指数；通过分析尼尔基水库地表水环境质量情况，将重金属铁和锰纳入常规污染指数中，将邻苯二甲酸二丁酯、水合肼、丁基黄原酸和微囊藻毒素-LR 纳入有机污染物指数。根据指标层的表达涵义，在尼尔基水库生态风险评估指标体系下，将 16 个指标分成两个子评价指标体系，分别为水华风险指标体系和污染风险指标体系。

6.1.2 水华风险指标体系

在水华风险指标体系中包含 9 个指标，具体情况如下。

6.1.2.1 藻类生物多样性

水华发生时，是以微囊藻类数量急剧上升，其他物种数量急剧下降为主要特征的，因此当生物多样性指数下降时，说明富营养化可能发生，因此选择藻类生物多样性指数作为评价水华风险的指标之一。

6.1.2.2 浮游动物

从水质状况来看，一般认为水体水质状况越好，浮游动物的种类越多，所以多样性指数就越大；若水体水质污染越严重，不耐污的敏感物种将减少或消失，耐污种的种类和个数将增加，物种多样性指数就越低。

6.1.2.3 底栖动物

底栖动物评价方法运用 BI（biotic index）生物指数法。

6.1.2.4 水温

温度是水华现象发生的重要环境因子，20～30℃是水华现象发生的适宜温度范围。科学家发现一周内水温突然升高大于 2℃是水华现象发生的先兆。另外，由于水温升高，造成水中 DO 浓度下降，使富营养化更容易发生。

6.1.2.5 pH

水华大多暴发在 pH 为弱碱性或碱性的水体中。在富营养化水体中，随着富营养化的发展，水的 pH 呈现随藻类生长而显著增高的趋势。这是由于藻类光合作用消耗水中的 CO_2，致使水中氢离子减少，pH 升高。

6.1.2.6 溶解氧

浮游生物的大量繁殖，消耗了水中大量的氧，使水中溶解氧严重不足，而水面植物的光合作用，则可能造成局部溶解氧的过饱和。溶解氧过饱和及水中溶解氧少，都对水生生物（主要是鱼类）有害，造成鱼类大量死亡。而死亡的水生生物沉积到湖底，被微生物分解，消耗大量的溶解氧，使水体溶解氧浓度急剧降低，水质恶化，以致影响鱼类的生存，大大加速了水体的富营养化过程。

6.1.2.7 高锰酸盐指数

高锰酸盐指数较高时，说明水体中有机污染物被降解所需要的氧气量较大，但是在富营养化的水体中，由于水体中溶解氧量较少，因此可被降解的有机物浓度较小，由此导致水体水质中有机污染物浓度较大。另一方面，由于水体中有机污染物浓度较高，也为藻类的增殖提供了物质与能量基础。

6.1.2.8 总磷、总氮

藻类的分子式近似为 $C_{106}H_{263}O_{110}N_{16}P$，生产 1kg 藻类，需要消耗碳 358g、氢 74g、氧 496g、氮 63g、磷 9g，显然氮、磷是限制因子。根据这一理论，氮、磷的过量排放是造成富营养化的根本原因，藻类是富营养化的主体，其生长速度直接影响水质状态。含氮和含磷的化合物过多排入水体，破坏了原有的生态平衡，引起藻类大量繁殖，过多的消耗水中的氧，使鱼类、浮游生物缺氧死亡，它们的尸体腐烂又会造成水质污染。

6.1.2.9 叶绿素 a

叶绿素 a 的浓度增大，说明水体中藻类数量的上升，可能导致富营养化甚至水华，这主要是由于藻类含有大量叶绿素（地球上 90% 的光合作用由藻类完成），因此，多数富营养化研究中将叶绿素 a 作为富营养化评价的主要指标，OECD（经济合作与发展组织）将平均叶绿素浓度大于 0.008mg/L 作为富营养湖的评价标准。

6.1.3 污染风险指标体系

在污染风险指标体系中包含两个指标，即有机污染物和重金属，根据 2014 年尼尔基水库饮用水水源地特定项目排查结果，两项指标情况如下。

6.1.3.1 有机污染物

根据 2014 年尼尔基水库饮用水水源地特定项目排查结果，共检测出超标有机物 4 项，分别为邻苯二甲酸二丁酯、水合肼、丁基黄原酸和微囊藻毒素-LR。

6.1.3.2 重金属

根据 2014 年尼尔基水库集中式生活饮用水地表水源地补充项目检测结果，共检测出超标重金属两项，分别为铁和锰。

在综合专家咨询、理论分析和频度分析三种筛选方法的基础上，得出具体的评估体系。具体指标体系构成如表 6-1、图 6-1 所示。

表 6-1 尼尔基水库生态风险评估指标体系

目标层（A）	类别层（B）	要素层（C）	指标层（D）
		水生态指数（C1）	藻类生物多样性（D1） 浮游动物（D2） 底栖动物（D3）
	水华风险指数（B1）	水环境指数（C2）	水温（D4） 溶解氧（D5） pH（D6）
尼尔基水库生态风险评估（A）		富营养化指数（C3）	高锰酸盐指数（D7） 总磷（D8） 总氮（D9） 叶绿素 a（D10）
	污染风险指数（B2）	有机污染物指数（C4）	邻苯二甲酸二丁酯（D11） 水合肼（D12） 丁基黄原酸（D13） 微囊藻毒素-LR（D14）
		常规污染指数（C5）	铁（D15） 锰（D16）

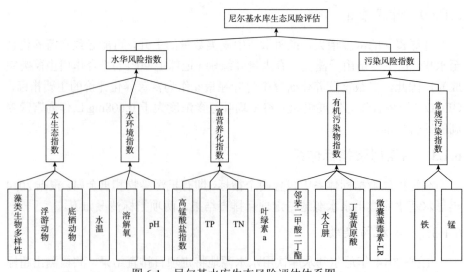

图 6-1 尼尔基水库生态风险评估体系图

6.2 指标权重与评估标准

不同地区存在着资源环境基础和社会经济背景等方面的差异，因此在评估指标体系中，各指标需要体现出不同的重要性。确定各指标权重是实施效果评估中的关键问题。选择层次分析法来确定指标权重，并在各类指标的权重确定过程中，广泛听取各方面意见，对不同的评估结果进行处理，以得到一个合理的综合结果。

6.2.1 层次分析法确定权重

层次分析法（AHP）是一种常用的确定权重的方法。AHP 一般包括以下五个步骤。

（1）明确问题，建立层次结构图。首先，邀请专家对问题进行诊断；然后，给出问题的层次分析结构图。

（2）构造判断矩阵。判断矩阵表示针对上一层次因素，本层次与之有关因素之间相对重要性的比较。建立判断矩阵自上而下地进行，一般为三至四层。假定上一层元素 B_k 作为准则，对下一层元素 C_1，C_2，$\cdots$，C_n 有支配关系，我们的目的就是要在准则 B_k 下按其相对重要性赋予 C_1，C_2，$\cdots$，C_n 相应的权重。一般来说，构造的判断矩阵如表 6-2 所示。

表 6-2 **B-C 判断矩阵**

B_k	C_1	C_2	$\cdots$	C_n
C_1	C_{11}	C_{12}	$\cdots$	C_{1n}
C_2	C_{21}	C_{22}	$\cdots$	C_{2n}
$\vdots$	$\vdots$	$\vdots$		$\vdots$
C_n	C_{n1}	C_{n2}	$\cdots$	C_{nn}

矩阵中各元素为相对重要性标度，其取值见表 6-3。

表 6-3 判断矩阵标度及其含义

C_{ij}	含义
1	表示 i、j 两元素同等重要
3	表示 i 元素比 j 元素稍微重要
5	表示 i 元素比 j 元素明显重要
7	表示 i 元素比 j 元素强烈重要
9	表示 i 元素比 j 元素极端重要
2、4、6、8	表示上述相邻判断的中间值
倒数	若元素 i 与元因素 j 的重要性之比为 a_{ij}，那么元素 j 与元素 i 重要性之比为 $a_{ji} = \dfrac{1}{a_{ij}}$

（3）判断矩阵的一致性检验。为了评价层次排序的有效性，还必须对判断矩阵的评定结果进行一致性检验。所谓一致性是对记分合理与否的一个评估指标。由于判断矩阵是由专家凭借经验模糊量化的，做到完全一致性是不可能的。因此，就需要对构造的判断矩阵进行一致性检验，这种检验通常是结合排序步骤进行的。

在层次分析法中，用判断矩阵最大特征根以外的其余特征根的负平均值，作为度量判断矩阵偏离一致性的指标，即用 $CI = {(\lambda_{\max} - n)}/{(n-1)}$ 来检验决策者判断思维的一致性。$CR = CI/RI$ 衡量不同阶判断矩阵是否具有满意的一致性，引入判断矩阵的平均一致性指标 RI。对于 $1\sim9$ 阶判断矩阵，RI 的值见表 6-4。

表 6-4　一致性检验表

n	1	2	3	4	5	6	7	8	9
RI	0	0	0.58	0.90	1.12	1.24	1.32	1.41	1.45

在这里，对于 1、2 阶判断矩阵，RI 只是形式上的，因为 1、2 阶判断矩阵总是具有完全一致性。当阶数大于 2 时，判断矩阵的一致性指标 CI 与同阶平均随机一致性指标 RI 之比称为随机一致性比率，记为 CR。当 $CR = CI/RI < 0.10$ 时，即认为判断矩阵具有满意的一致性。

（4）层次单排序。计算出某层次因素相对于上一层次中某一因素的相对重要性，称为层次单排序。层次单排序计算问题可归结为计算判断矩阵的最大特征根及其特征向量的问题。

计算各判断矩阵的最大特征值 $\lambda_{\max}$，求解如下的特征方程：

$$AW = \lambda_{\max} \qquad (6\text{-}1)$$

式中，W 为对应于 $\lambda_{\max}$ 的特征向量，W 的各分量 W_i 就是对应于各准则或各指标的权重。计算判断矩阵的最大特征根及特征向量，一般不需要较高的精度，这是因为判断矩阵本身有相当的误差，本章采用的是 AHP 的近似算法——方根法。

计算步骤如下：

①计算矩阵每一行元素的乘积 M_i：

$$M_i = \prod_{j=1}^{n} a_{ij} \quad (i=1,2,3,\cdots,n) \qquad (6\text{-}2)$$

②计算判断矩阵每行的几何平均数，即

$$V_i = \sqrt{\prod_{j=1}^{n} a_{ij}} \qquad (6\text{-}3)$$

③归一化，得到权向量 W_i，即各因素的权重，有

$$W_i = \frac{V_i}{\sum\limits_{i=1}^{n} V_i} \qquad (i=1,2,3,\cdots,n) \qquad （6-4）$$

④计算判断矩阵的最大特征值 $\lambda_{\max}$，有

$$\lambda_{\max} = \sum_{i=1}^{n} \frac{(AW)_i}{nW_i} \qquad （6-5）$$

式中，$\lambda_{\max}$——矩阵 **A** 的最大特征值；

$(AW)_i$——**AW** 的第 i 个元素。

（5）层次总排序。指根据各层排序结果，推算最底层各因素对第一层问题的相对重要性排序。目标层（A）只有一个元素，所以准则层（B）层次单排序即为层次总排序，而对于指标层（C）相对于整个准则层（B）总排序计算，需要用准则层（B）各元素本身相对于总目标（A）的排序权值加权综合，才能计算出指标层（C）相对于整个准则层（B），即相对于目标层（A）的相对重要性权值。各个层次指标的权重值可以根据上面的逐层排序得出，在这个过程中也需要进行一致性检验，当判断矩阵一致性检验系数 CR＜1 时，认为层次总排序的结果是可以接受的，即为所求各个指标的权重值。

6.2.2　评价标准

参考国内外风险评估标准，对尼尔基水库生态风险程度进行分级，分级标准如表 6-5 所示。

表 6-5　尼尔基水库生态风险评估标准

风险级别	四	三	二	一
综合评分	[0, 0.25]	[0.25, 0.5]	[0.5, 0.75]	[0.75, 1]
风险程度	无	轻度	中度	重度

6.3　指标权重

6.3.1　构建判断矩阵

在前文确定的评估指标体系层次机构模型的基础上，采用层次分析法，在指标权重确定过程中，广泛听取各方面意见，确定各级指标权重。在构建判断矩阵过程中，对指标权重进行一致性检验及层次单排序检验，若无法通过一致性检验，则需对其反复修正论证，直到通过一致性检验分析。

三级指标对于二级指标重要性程度的判断矩阵见表 6-6～表 6-10。

表 6-6 B_1-C 判断矩阵

B_1	C_1	C_2	C_3
C_1	1	2	1
C_2	1/2	1	1/2
C_3	1	2	1

注：CR=0.2331；λ =3。

表 6-7 B_2-C 判断矩阵

B_2	C_4	C_5	C_6
C_4	1	1/2	2
C_5	2	1	2
C_6	1/2	1/2	1

注：CR=0.1469；λ =3.0536。

表 6-8 B_3-C 判断矩阵

B_3	C_7	C_8	C_9	C_{10}
C_7	1	1/2	1	1/2
C_8	2	1	1	2
C_9	1	1	1	1
C_{10}	2	1/2	1	1

注：CR=0.37；λ =4.1213。

表 6-9 B_4-C 判断矩阵

B_4	C_{11}	C_{12}	C_{13}	C_{14}
C_{11}	1	1/2	1	1/2
C_{12}	2	1	1/2	1
C_{13}	1	2	1	1/2
C_{14}	2	1	2	1

注：CR=0.1857；λ =4.2492。

表 6-10 B_5-C 判断矩阵

B_5	C_{15}	C_{16}
C_{15}	1	1
C_{16}	1	1

注：CR=0.0625；λ =2。

二级指标对于一级指标重要程度的判断矩阵见表 6-11 和表 6-12。

表 6-11 A_1-B 判断矩阵

A_1	B_1	B_2	B_3
B_1	1	2	1/2
B_2	1/2	1	1/2
B_3	2	2	1

注：CR=0.75；λ =3.0536。

表 6-12 A_2-B 判断矩阵

A_2	B_4	B_5
B_4	1	3
B_5	1/3	1

注：CR=0.25；λ =2。

一级指标对于总目标重要程度的判断矩阵见表 6-13。

表 6-13 E-A 判断矩阵

总目标	A_1	A_2
A_1	1	3
A_2	1/3	1

注：CR=1；λ =2。

6.3.2   指标权重的确定

判断矩阵完成并通过一致性检验后的指标权重见表 6-14。

表 6-14　尼尔基水库生态风险评估指标权重

目标层（A）	类别层（B）		要素层（C）		指标层（D）	
尼尔基水库生态风险评估（A）	水华风险指数（B1）	0.75	水生态指数（C1）	0.2331	藻类生物多样性（D1）	0.0932
					浮游动物多样性（D2）	0.0466
					底栖动物多样性（D3）	0.0932
			水环境指数（C2）	0.1469	水温（D4）	0.0456
					溶解氧（D5）	0.0288
					pH（D6）	0.0725
			富营养化指数（C3）	0.3700	高锰酸盐指数（D7）	0.0898
					总磷（D8）	0.0635
					总氮（D9）	0.1270
					叶绿素 a（D10）	0.0898
	污染风险指数（B2）	0.25	有机污染物指数（C4）	0.1875	邻苯二甲酸二丁酯（D11）	0.0313
					水合肼（D12）	0.0459
					丁基黄原酸（D13）	0.0476
					微囊藻毒素-LR（D14）	0.0627
			常规污染指数（C5）	0.0625	铁（D13）	0.0313
					锰（D14）	0.0313

由表 6-14 可知，尼尔基水库生态风险评估指标体系两个方面的权重大小排序为水华风险指数>污染风险指数。

6.4　水生态风险指数及标准化

6.4.1　水生态指数

2014 年 8 月对尼尔基水库进行浮游植物鉴定，在坝前、库中、库末三个断面共发现浮游植物 5 门、45 种，浮游植物种类及所占比例如图 6-2 所示。就种类而言，硅藻门、绿藻门和蓝藻门较多，分别有 15 种、13 种和 11 种，各占调查种类的 33%、29%和 25%；裸藻门和隐藻门较少，分别有 4 种和 2 种，分别占调查种类的 9%和 4%。硅藻门、绿藻门和蓝藻门共占总调查种类数的 87%，为尼尔基水库浮游植物种类的主要组成类群。在尼尔基水库各断面中，坝前和库末均有 5 门浮游植物检出，其中库末浮游植物种类最多，为 28 种；其次为坝前的 20 种；在尼尔基水库库中只检测出蓝藻门 6 种和硅藻门 1 种，浮游植物种类较少。

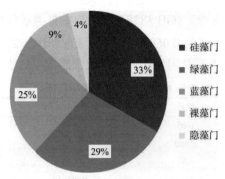

图 6-2　尼尔基水库浮游植物的种类组成

6.4.2　水环境指数

以 2014 年 8 月尼尔基水库水环境质量数据为基础，各断面的水环境指标数据如表 6-15 所示。温度是水华现象发生的重要环境因子，水温在 20～30℃是水华现象发生的适宜温度范围，尼尔基水库的水温正在这个温度范围中。尼尔基水库溶解氧的平均值为 11.07mg/L，总体上处于过饱和状态，库中溶解氧大于坝前和库末，这是由于库中聚集了大量的藻细胞，光合作用的产氧量远大于呼吸作用的耗氧量，导致水体中溶解氧浓度增加，藻细胞数量最大时对应的溶解氧也达到最大值。水华大多暴发在 pH 为弱碱性或碱性的水体中，尼尔基水库 pH 平均值为 8.85，呈碱性，适宜发生水华，其中尼尔基水库库中 pH 达到 9.75，已经超过《地表水环境质量标准》（GB 3838—2002）中 pH6～9 的范围。

表 6-15　水环境指标数据表

监测断面	坝前	库中	库末
水温/℃	25.8	25.8	23.7
溶解氧/(mg/L)	10.07	14.98	8.16
pH	8.93	9.75	7.88

6.4.3　富营养化指数

以 2014 年 8 月尼尔基水库水环境质量数据为基础，各断面的富营养化指标数据如表 6-16 所示。尼尔基水库的总磷浓度超标，除了坝前达到《地表水环境质量标准》（GB 3838—2002）中Ⅲ类水体标准外，库中和库末的总磷均超标，分别超标 2.8 倍和 0.8 倍，库中显著超标。尼尔基水库总氮浓度超标，坝前、库中、库末三个断面总氮浓度分别超标 0.66 倍、2.808 倍和 0.802 倍。尼尔基水库的高锰酸盐指数只有库中超标，超标 0.46 倍，库末和坝前样点均满足《地表水环境质量标准》（GB 3838—2002）中Ⅲ类水体标准。尼尔基水库库中叶绿素 a 浓度最高，达到 0.0694mg/L，比坝前和库末的叶绿素 a 浓度分别高出 19 倍和 11 倍，这主要是因为库中的藻类细胞浓度过大。

表 6-16 富营养化指标数据　　　　　　单位：mg/L

监测断面	坝前	库中	库末
总磷	0.05	0.19	0.09
总氮	1.660	3.808	1.802
高锰酸盐指数	4.88	8.76	5.68
叶绿素 a	0.003 39	0.069 40	0.005 65

6.4.4 常规污染指数

以 2014 年尼尔基水库集中式生活饮用水地表水源地补充项目检测结果为基础，分析尼尔基水库常规污染物污染风险情况。集中式生活饮用水地表水源地补充项目共有五项，分别为硫酸盐、硝酸盐、氯化物、铁和锰，通过分析 2014 年的监测数据，发现铁和锰出现超标的情况。2014 年尼尔基水库铁、锰浓度如表 6-17 所示。

表 6-17 尼尔基水库铁锰浓度表　　　　　　单位：mg/L

监测断面	库末	库中	坝前
铁	0.44	0.45	0.48
锰	1.60	0.35	0.12

6.4.5 特征污染指数

以 2014 年的尼尔基水库饮用水水源地特定项目排查结果为基础，分析尼尔基水库的特征污染物污染风险情况。

2014 年对尼尔基水库水源地三个断面进行了 66 项特定项目的排查，共检出指标 12 项，其中超过标准限值的共四项，分别为邻苯二甲酸二丁酯、水合肼、丁基黄原酸和微囊藻毒素-LR，均为有机污染物，2014 年未检测到金属盐超标。邻苯二甲酸二丁酯在尼尔基水库库末和尼尔基水库库中两个断面超标，水合肼、丁基黄原酸和微囊藻毒素-LR 指标在三个断面均超标。2014 年尼尔基水库的特征污染物数据如表 6-18 所示。

表 6-18 尼尔基水库特征污染物浓度表　　　　　　单位：mg/L

监测断面	库末	库中	坝前
邻苯二甲酸二丁酯	0.0151	0.0119	0.0024
水合肼	0.1406	0.1157	0.0747
丁基黄原酸	0.0097	0.0109	0.0101
微囊藻毒素-LR	209.3354	177.9981	219.2191

6.4.6　指标标准化处理

在确定各指标权重之前，因为各指标量纲不统一导致指标之间没有可比性，因此必须对参评指标进行规范化处理。采用极差标准化方法对所得分值进行标准化处理。具体处理如下。

数值越大风险值越小的指标：

$$y_{ij} = \frac{X_{j\max} - X_{ij}}{X_{j\max} - X_{j\min}} \qquad (6\text{-}6)$$

数值越大风险值越大的指标：

$$y_{ij} = \frac{X_{ij} - X_{j\min}}{X_{j\max} - X_{j\min}} \qquad (6\text{-}7)$$

式中，X_{ij} 和 y_{ij} 分别为第 i（$i=1, 2, 3, \cdots, n$）个评价对象第 j（$j=1, 2, 3, \cdots, m$）项指标的原始值和标准；$X_{j\min}$ 和 $X_{j\max}$ 分别为第 j 项指标的最小值和最大值。对水华风险评估指标进行指标标准化处理，见表 6-19。

表 6-19　水华风险评估指标标准化处理表

监测断面	坝前	库中	库末
水温	0.381	0.381	0.619
pH	0.561	1	0
溶解氧	0.72	0	1
总磷	0	1	0.286
总氮	0	1	0.066
高锰酸盐指数	0	1	0.206
叶绿素 a	0	1	0.034
藻类生物多样性	1	0.606	0
浮游动物	0	0.435	1
底栖动物	0.703	0	1
邻苯二甲酸二丁酯	0.155	0.342	0.473
水合肼	0.175	0.453	0.586
丁基黄原酸	0.242	0.562	0.621
微囊藻毒素-LR	0.303	0.513	0.69
铁	1	0.25	0
锰	0	0.15	1

标准化后的指标特征值具有相同的取值趋势（值越大风险越大）和取值范围（［0，1］区间），使得指标值的优劣具有可比性，保证了评估结果的一致性。

6.5 水生态风险评估结果

6.5.1 水华风险评估

对尼尔基水库进行水华风险评估，选取藻类生物多样性、浮游动物多样性、底栖动物多样性、水温、pH、溶解氧、高锰酸盐指数、总磷、总氮、叶绿素 a 这 10 个指标进行水华风险指数计算，以上各指标相对于水华风险指数的权重分别为 0.0932、0.0466、0.0932、0.0456、0.0725、0.0288、0.0898、0.0635、0.1270、0.0898，经计算后，尼尔基水库三个监测断面的水华风险指数如表 6-20 所示。

表 6-20　尼尔基水库水华风险指数表

监测断面	水华风险指数
坝前	0.2375
库中	0.5367
库末	0.3657

由水华风险指数可以看出，尼尔基水库库中水华风险指数为 0.5367，呈重度风险，坝前和库末水华风险指数分别为 0.2375 和 0.3657，呈轻度风险。对尼尔基水库周围的灌区和上游的排污口进行采样分析，郭尼村和繁荣新村的灌区排水中主要污染物是总氮，分别达到了 2.618mg/L 和 10.42mg/L，嫩江排污口的排水中主要污染物是总磷和总氮，分别达到了 3.34mg/L 和 62.967mg/L。由于灌区排水和排污口排水进入尼尔基水库，污染物在库中堆积，在合适的温度和理化条件下发生了水华。库末和坝前的水流动性较好，发生水华风险的可能性较低，但是也存在着潜在风险。总体来看，尼尔基水库的水华风险指数平均值为 0.3800，总体呈轻度水华风险。

6.5.2 污染风险评估

对尼尔基水库进行污染风险评估，选取邻苯二甲酸二丁酯、水合肼、丁基黄原酸、微囊藻毒素-LR、铁和锰 6 个指标进行污染风险指数计算，以上各指标相对于污染风险指数的权重分别为 0.0313、0.0459、0.0476、0.0627、0.0313 和 0.0313，经计算，尼尔基水库 2014 年的污染风险指数如表 6-21 所示。

表 6-21　尼尔基水库污染风险指数表

监测断面	污染风险指数
坝前	0.3564
库中	0.1029
库末	0.1458

通过计算结果可以看出 2014 年的尼尔基水库的库末、库中、坝前三个监测断面污染风险指数在 0.1～0.35，整体处于轻度风险程度。总体来看，尼尔基水库的污染风险指数平均值为 0.2017，呈轻度污染风险。

6.5.3　生态风险评估

对尼尔基水库进行生态风险评估，选取 2014 年的水华风险指数和污染风险指数为评估指标，权重分别为 0.75 和 0.25，经计算后，尼尔基水库 2014 年的生态风险如表 6-22 所示。

表 6-22　尼尔基水库生态风险指数

监测断面	生态风险指数
坝前	0.2672
库中	0.4283
库末	0.3107

由生态风险评估结果可以看出，三个监测断面的生态风险指数平均值达到 0.3354，尼尔基水库总体存在轻度风险，需要采取相应措施降低风险。

7

嫩江典型区域入河排污口优化管理

尼尔基水库上游地区排污口较多，分布在干流、支流上，排放量较大的排污口如甘河上的加格达奇区排污口，距水库较近的排污口如嫩江县排污口等对尼尔基水库水生态风险问题都产生较大影响。因此，对嫩江流域典型区域排污口状况进行分析与优化，以期有效改善嫩江流域典型区域水环境、保护水资源并合理促进水资源可持续利用，从而实现对尼尔基水库水生态风险的有效缓解。

7.1 研究背景与意义

对入河排污口进行优化研究，梳理现有的排污口状况等信息，为后续嫩江流域水生态监管奠定坚实基础，从排污管理的角度提出有效、可行的降低尼尔基水库水生态风险的方案，缓解尼尔基水库现存的水生态风险，实现对尼尔基水库水生态保护；同时，加强对如何排污口管理工作，对保障供水安全、实现水功能区水质目标及排污总量红线有着显著意义；通过对入河排污口设置合理性的论证，为流域机构审批入河排污口及建设单位合理设置入河排污口提供科学依据。

7.2 国内外研究进展

7.2.1 国外相关研究

当前，国外研究者在加强入河排污口管理方面都做了各种有益的探索。根据水资源具有流域性和易污染性的特点，多数国家成立了形式不同的流域管理机构，从入河污染物总量控制、产权管理、市场管理、价格管理等角度探索解决流域水环境问题的有效模式。例如，美国、澳大利亚、英国、法国、新西兰、德国、加拿大和日本等开展了流域和区域相结合的水环境管理，流域管理手段较为多样，既采用了大量行政、法律手段，同时很注重经济手段的应用。

入河排污口管理是流域环境管理的重要内容，发达国家的入河排污口管理经历了命令控制型手段、经济手段和公众参与手段 3 个发展时期。命令控制型手段主要包括法律手段和行政管理手段。法律手段指国家通过制定和运用经济法律、法规来调节经济活动的手段，主要包括经济立法、经济执法和法律监督；行政管理手段是国家通过行政机关，采取行政命令、指示、指标、规定等行政措施来调节和管理经济的手段，包括行政命令、行政指标、行政规章制度和条例。经济手段又可分为基于数量的经济手段和基于价格的经济手段。基于数量的经济手段主要指排污权交易、建立控污银行等；基于价格的经济手段则包括排污费（税）、资源税、产品税、补贴、保证金、使用者付费或成本分摊、污染赔偿及罚款等手段。

基于数量的经济手段的实施前提是总量控制。总量控制最早由美国环境保护局（USEPA）提出。美国从 1972 年开始在全国范围内实行水污染物排放许可证制度，多年来相关的技术路线和方法不断得到改进和发展。从采取水污染物排放总量控制制度至今，美国的水环境污染控制取得了明显的成效。

澳大利亚主要实施以下几种排污交易政策：一是在 Hunter 河建立的盐度交易试行计划，该计划涉及煤矿和大型电站，即在流域总含盐量的控制范围内，明确规定了各企业可向河流排放的盐量，并且各公司之间可以自由买卖其盐度排放指标；二是 Hawkesbury-Nepean 流域的磷排污权交易计划，该流域的磷污染主要来自生活污水排放，根据政府制定的河流总含磷量标准，流域的磷排污权可在悉尼 3 个污水处理厂之间进行交易，以求通过排污交易来降低河流中的磷浓度。澳大利亚的新南威尔士、维克多及南澳州加入了由 Murray-Darling 流域委员会执行的流域盐化和排水战略，他们在对进入流域系统的盐水进行管理或改善整个流域的管理工程进行投资时，可产生"盐信用"，而这些"盐信用"可以在各州间进行转让。

日本为了改善水和大气环境质量状况，提出了污染物排放总量控制的问题，即把一定区域内的大气或水体中的污染物总量控制在一定的允许限度内，这个"允许限度"实际上就是环境容量。之后，日本环境厅提出《环境容量计算化调查研究》报告，从此，环境容量的应用逐渐推广，成为污染物总量控制的理论基础。欧美的学者较少使用环境容量这一术语，而多用"同化容量""最大允许排污量"或"水体容许污染水平"等概念。国外学者对环境容量概念的理解，大致经历了以下三个过程。

（1）最初的环境容量的概念来源于电工学中的电容量概念。日本学者根据总量控制的基本原则，提出了环境容量的定义，即污染物允许排放总量与环境中污染物浓度的比值。

（2）环境容量是环境对污染物的自净同化能力。日本学者提出环境容量（自净能力）是污染物允许排放总量与该污染物在环境中降解速率的比。

（3）环境容量是最大允许纳污量。日本学者吉川博提出："环境容量是由自然还原能力、人工处理设施和人们对环境的意见所规定的整个生活圈内所允许的活动容量。"日本学者矢野雄幸提出："环境容量是按环境质量标准确定的一定范围的环境所能承纳的最大污染物负荷总量。"

前两种环境容量概念都仅限于自然环境对污染物所具有的环境容量,没有考虑人为活动及环境功能对环境容量的影响。第三种加入了环境容量的人为因素,接近现代环境容量的概念。

7.2.2 国内研究进展

国外主要以环保行政主管部门为主进行管理,而我国的入河排污口管理存在多龙治水的现象。我国入河排污口管理权限归水行政主管部门,而非环保行政主管部门,而美国、澳大利亚、英国、法国、日本等则主要由各级政府的环保行政主管部门单一管理。我国的这种多龙治水的水环境管理体制,有利于提供全面、真实、准确的水环境信息,但部门间权责并不完全明晰。而单一部门管理更有利于水污染物排放的统一管理,污染控制效率更高。为完善管理制度,我国部分流域和地区正尝试开展入河排污口规范化整治试点,拟由监管部门建立入河排污口标示牌,但是由于法律依据不充分,责任主体不明确,影响了这项工作的开展。美国等国家则从法律、制度上保障了公众对周边入河排污口状况的了解、监督权利,并积极鼓励公众参与环境管理。我国入河排污口管理以行政手段为主,而国外以经济手段为主。

当前,我国入河排污口管理以行政法规为依据,以入河污染物总量控制为基础,以入河排污口设置的行政审批为根本,以排污量逐年按比例削减的行政命令为途径。通过模拟市场来建立排污权交易市场,排污者从其自身利益出发,对比其治污成本和排污权交易价格,自主决定污染物的排放状况,从而买入或卖出排污权。我国入河排污口监督管理成本较高,而国外的管理成本较低,管理目标相对容易实现。我国各级政府通过签订污染物排放量削减目标责任书,限定各地区一定时间内的入河排污总量,对各地区允许的排污量控制缺乏弹性。事实上,各地合理的排污需求很难准确计算,各地污染控制成本也存在差异。国外实施的排污权交易制度,可以通过市场调节排污主体的排污需求,提高排污者的污染治理积极性,在保证环境目标的前提下,降低流域范围内的污染控制成本。

目前,我国入河排污口监测工作开展状况在各流域和各地区存在较大差异,很多地方的监测不到位,甚至对排污口数量、分布、排污规模等都不完全清楚,导致污染控制因基础数据缺乏而变得尤为困难。而美国、英国、法国等建立了较全面的入河排污口监测网络和完善的监测体系,并及时公开监测结果,有力地促进了入河排污量的有效监督。我国入河排污口管理侧重于排污口设置的初始管理,而国外则实施全过程管理。虽然部分地区开展了入河排污口整治，取缔了一些非法设置的入河排污口，但阶段性的整治工作缺乏长效机制，治理成效容易反弹。而美国等西方国家实施全过程管理，对入河排污和排污许可变更过程进行监督和管理，新增和已有排污口的管理相互关联，互为支撑。

2012 年 1 月，我国发布了《国务院关于实行最严格水资源管理制度的意见》，明确提出要严格控制入河污染物总量。入河排污口管理是控制污染物入河总量的重要手段，也是保护水资源、改善水环境的一项重要保障措施。通过对国内外入河排污口管理经验的对比，有利于完善我国的入河排污口管理制度，探索更加有效的污染物入河总量控制方法，以促进环境、经济和社会的协调发展。对比研究发现，我国入河排污口管理存在多龙治水现象，管理信息正逐步走向公开，管理以行政手段为主，监督管理成本较高，入河排污口监测体系还不完善，且侧重于排污口设置的初始管理；而美国等西方国家的管理部门较为单一，管理信息公开完全，管理以经济手段为主，监督管理的成本低，管理目标相对容易实现，还建立了较健全的监测体系，并着重实施全过程管理。

目前，水资源短缺、水生态环境恶化等问题已经直接影响到我国的用水安全、公众健康和社会稳定，成为制约经济社会可持续发展的重要瓶颈。

7.3　模型与方法

7.3.1　评价指标体系

排污口的布设要遵循可持续发展思路，使水生态系统功能尽量不受影响。一是敏感区优先保护原则，即优先保护饮用水源保护区、鱼类产卵场、育肥场和洄游通道、旅游景区等生态敏感区，使排污口的设置不会对生态敏感区产生不良影响；二是合理利用河流稀释和自净能力原则；三是考虑排污口改造经济性原则。根据以上原则分析，可将排污口位置优化布设问题归结为在给定连续区域内排污点的选择问题（中华人民共和国水利部，2011）。

排污口优化布设采用指标赋分模型，模型指标体系共分为三层，第一层是目标层，即在给定水功能区两岸区域选定最佳的排污点位置组合。第二层是准则层，也就是考虑影响排污位置性能的主要因素，归纳为三类：①水域纳污适宜性因素；②排污口建设适宜性因素；③排污口改造经济性因素。第三层是指标层，是根据准则层细分出来的指标。入河排污口优化布设赋分模型指标体系见图 7-1。

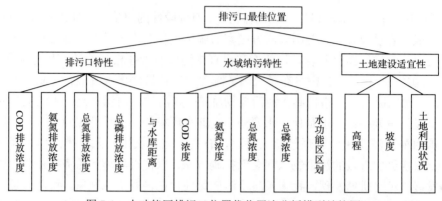

图 7-1　水功能区排污口位置优化层次分析模型结构图

7.3.1.1　准则层指标解释

1. 排污口特性

排污口改造经济性指标，指如果涉及排污口搬迁，包括与现有排污口的距离和网格内现有排污负荷的大小。拟选排污点距离现有排污口的位置越近，改造费用就越低；拟选排污点区域内现有排污负荷（COD、氨氮、总氮、总磷排放浓度）越大，说明在此区域设置排污口的应用效率越高。

2. 水域纳污特性

影响水域纳污能力的有水体的污染物背景值。污染物背景值越大，水域纳污能力越小。同时，与水库的距离，也是限制水域纳污的重要因素，排污口距离水库的距离越远，则越适宜作为排污口的布设点位。

3. 土地建设适宜性

影响排污口建设的指标有两种：①自然指标，包括坡度、地势、土地利用类型；②社会指标，包括距离旅游风景区的距离、距离居民生活区的距离。坡度越平缓，地势越平坦，土地现状越低，距离旅游风景区和居民生活区越远，对设置入河排污口而言越有利。

7.3.1.2　指标层指标解释

1. COD 排放量

COD 排放量越大，说明排污口的利用效率越高，同时也说明其进行优化搬迁的潜力越小。为负向指标，取值为排污口的 COD 排放浓度。

2. 氨氮排放量

氨氮浓度越大，同样说明排污口的利用效率越高，说明其进行优化、搬迁到其他地区的可能性越小。为负向指标，取值为排污口的氨氮排放浓度。

3. 总磷排放量

总磷浓度越大，说明排污口的利用效率越高，由于研究区内尼尔基水库的富营养化问题，营养元素应纳入排污口优化考虑，取值为排污口的总磷排放浓度。

4. 总氮排放量

总氮浓度越大，说明排污口的利用效率越高，说明其进行优化、搬迁的潜力越小。由于研究区尼尔基水库的富营养化问题，营养元素应纳入排污口优化考虑，取值为排污口的总氮排放浓度。

5. 与水库距离

与水库距离越近，对尼尔基水库生态风险的影响越大，说明其进行优化、搬迁的必要性越大。为正向指标，取值采用 ArcGIS 软件计算不同单元到尼尔基水库的距离。

6. 水域 COD 浓度

不同单元包括水域的 COD 浓度越高，那么在一定水环境容量下，水体可接纳的 COD 排放量越小，该单元越不适合作为排污口的地点。取值采用距离该单元最近的监测点位的监测值，该指标为负向指标。

7. 水域氨氮浓度

不同单元包括水域的氨氮浓度越高，那么在一定水环境容量下，水体可接纳的氨氮排放量越小，该单元越不适合作为排污口的地点。取值采用距离该单元最近的监测点位的监测值。

8. 水域总氮浓度

不同单元包括水域的总氮浓度越高，那么在一定水环境容量下，水体可接纳的总氮排放量越小。同时考虑尼尔基水库的生态风险，水域的总氮浓度的重要性要高于氨氮与 COD。

9. 水域总磷浓度

不同单元包括水域的总磷浓度越高，那么在一定水环境容量下，水体可接纳的总磷排放量越小。

10. 水域水功能区

按照地表水功能区划分，确定不同单元可以建设排污口预防，若水功能区为一级保护区，则其他指标不起决定作用，避免层次分析法均权效应带来的影响。

11. 高程

当高程越大的时候，那么建设排污口的投资越高，越不适合建设。取值采用 SRTM DEM 数据。

12. 坡度

当坡度越大的时候，那么建设排污口的投资越高，越不适合建设。取值采用 SRTM DEM 数据。

13. 土地利用

建设排污口应与土地利用类型相匹配，当单元格为建设用地时，较单元格为其他类型用地更为适宜建设排污口。取值采用 Landsat 遥感影像进行解译。

7.3.2 评价标准

最佳排污口由排污口特性、水域纳污特性、土地建设适宜性三者综合决定，结合嫩江流域示范区特点和水污染物排放标准、水环境质量标准、土地适宜性评价指标和标准对三者进行权重赋分，其标准与赋分结果见表 7-1～表 7-3。

表 7-1　排污口状况评价标准

指标	优	良	中	差
评价分值	100	80	60	40
COD 排放量	$i=0$	$100 \geqslant i>0$	$500 \geqslant i>100$	$i>500$
氨氮排放量	$i=0$	$25 \geqslant i>0$	$40 \geqslant i>25$	$i>40$
TN 排放量	$i>200$	$200 \geqslant i>100$	$100 \geqslant i>0$	$i=0$
TP 排放量	$i>15$	$15 \geqslant i>5$	$5 \geqslant i>0$	$i=0$
距离	$i>10\,000$	$10\,000 \geqslant i>5\,000$	$5\,000 \geqslant i1\,000$	$i \leqslant 1\,000$

表 7-2　受纳水体状况评价标准

指标	优	良	中	差
评价分值	100	80	60	40
COD	$i \leqslant 6$	$6<i \leqslant 10$	$10<i \leqslant 15$	$i>15$
氨氮	$i \leqslant 1$	$1<i \leqslant 1.5$	$1.5<i \leqslant 2$	$i>2$
TN	$i \leqslant 1$	$1<i \leqslant 1.5$	$1.5<i \leqslant 2$	$i>2$
TP	$i \leqslant 0.2$	$0.2<i \leqslant 0.3$	$0.3<i \leqslant 0.4$	$i>0.4$
水功能区	开发区	缓冲区	保留区	其他

表 7-3 土地适宜性评价标准

指标	优	良	中	差
评价分值	100	80	60	40
坡度	$i \leqslant 10$	$10 < i \leqslant 20$	$20 < i \leqslant 30$	$i > 30$
高程	$i \leqslant 100$	$100 < i \leqslant 200$	$200 < i \leqslant 300$	$i > 300$
土地利用	荒地	林地、草地	农田、公路	房屋

7.3.3 层次分析法

根据排污口特性，土地利用适宜度情况，列出不同指标之间的比较矩阵，经过运算后，求得比较向量，计算比较矩阵的特征向量与特征值，对特征向量进行处理求得在某一准则层下的权重值，如表 7-4 所示，并通过特征向量进行一致性检验，在通过一致性检验的基础上，采用权重逐级相乘的方法，求得不同准则层下指标的层次。

准则层矩阵为

$$A = \begin{bmatrix} 1 & 0.25 & 0.33 \\ 3 & 1 & 2 \\ 3 & 0.5 & 1 \end{bmatrix} \tag{7-1}$$

准则层-指标层 1 矩阵为

$$B_1 = \begin{bmatrix} 1 & 0.5 & 0.333 & 0.333 & 0.25 \\ 2 & 1 & 0.5 & 0.5 & 0.333 \\ 3 & 2 & 1 & 1 & 0.5 \\ 4 & 3 & 2 & 2 & 1 \end{bmatrix} \tag{7-2}$$

准则层-指标层 2 矩阵为

$$B_2 = \begin{bmatrix} 1 & 0.5 & 0.333 & 0.333 & 0.25 \\ 2 & 1 & 0.5 & 0.5 & 0.333 \\ 3 & 2 & 1 & 1 & 0.5 \\ 4 & 3 & 2 & 2 & 1 \end{bmatrix} \tag{7-3}$$

准则层-指标层 3 矩阵为

$$B_3 = \begin{bmatrix} 1 & 0.5 & 0.25 \\ 2 & 1 & 0.33 \\ 4 & 3 & 1 \end{bmatrix} \tag{7-4}$$

表 7-4　权重表

目标层	准则层	权重	指标层	权重	总排序
最优排污点位置	排污口特性	0.126 300	COD 排放量	0.073 754	0.009 315
			氨氮排放量	0.120 868	0.015 266
			总氮排放量	0.214 677	0.027 114
			总磷排放量	0.214 677	0.027 114
			与水库距离	0.376 025	0.047 492
	水域纳污特性	0.539 500	COD 浓度	0.073 754	0.039 792
			氨氮浓度	0.120 868	0.065 211
			总氮浓度	0.214 677	0.115 823
			总磷浓度	0.214 677	0.115 823
			水功能区区划	0.376 025	0.202 874
	土地建设适宜性	0.334 177	高程	0.136 619	0.045 655
			坡度	0.237 980	0.079 528
			土地利用状况	0.625 400	0.208 994

7.4　排污口概况

7.4.1　排污口概况

根据目前收集的资料，示范区重要入河排污口如下：嫩江干流入河排污口为嫩江县污水处理厂排污口、嫩江镇喇叭河排污口；甘河（嫩江一级支流）入河排污口为加格达奇防洪闸排污口、白桦排污口、鄂伦春阿里河镇西小河铁路涵排污口、鄂伦春旗嵩天薯业排污口、鄂伦春旗阿里河镇清源污水垃圾处理厂排污口、鄂伦春旗大杨树镇益民河排污口、鄂伦春旗光明热电排污口、鄂伦春旗大杨树镇清泉污水垃圾处理厂排污口；多布库尔河（嫩江一级支流）入河排污口为松岭排污口；窝里河（嫩江一级支流）入河排污口为嫩江县多宝山铜矿排污口；科洛河（嫩江一级支流）入河排污口为山河农场场直排污口、嫩北农场生活排污口；固固河（嫩江一级支流）入河排污口为建边农场场直排污口；老莱河（嫩江二级支流）入河排污口为九三分局局直排污口、鹤山农场场直排污口；加西河（加格达奇区河流）入河排污口为西小河排污口；何大泡子（嫩江农场嫩岗区）入河排污口为三马路排污口；尖山沟（尖山农场）入河排污口为尖山农场场直排污口。详见图 7-2（见书后彩图）。

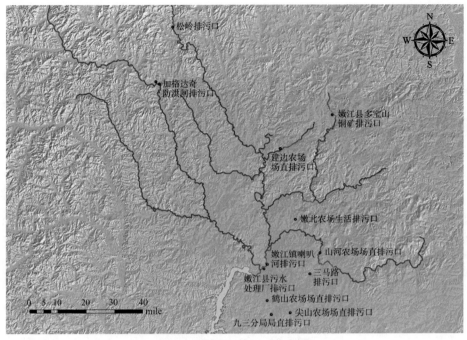

图 7-2 研究区排污口分布图

7.4.2 排污口污染物排放量分析

7.4.2.1 嫩江县污水处理厂排污口

根据目前收集的资料,入河排污口的污水排放量及污染物的排放量具体情况如图 7-3 所示。

目前收集了嫩江县污水处理厂排污口 2011~2013 年的污水排放量及污染物排放量。嫩江县污水处理厂排污口三年的污水排放量保持不变,为 547.5 万 m³/a;化学需氧量排放量逐年增加,2012 年和 2013 年分别增加了 134.1t 和 142.3t;五日生化需氧量在 2012 年的排放量最高,为 242.0t,2013 年减少了 46.5t;氨氮、总氮和总磷的排放量呈现逐年递增的趋势,2012 年比 2011 年有少量增长,在 2013 年出现较大幅度增长;挥发酚的排放量 2012 年最大,为 136.9kg,比 2011 年增加了 130.3kg,2013 年的排放量比 2012 年减少了 101.3kg。

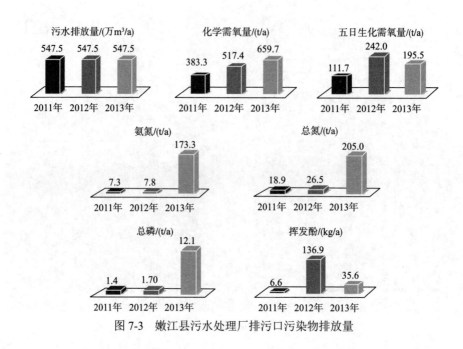

图 7-3　嫩江县污水处理厂排污口污染物排放量

7.4.2.2　嫩江镇喇叭河排污口

目前收集了嫩江镇喇叭河排污口 2011～2013 年的污水排放量及污染物排放量。由图 7-4 可知，嫩江镇喇叭河排污口 2011 年的污水排放量为 335.9 万 m³，2012 年和 2013 年逐年增加，较 2011 年分别增加了 37.9 万 m³ 和 121.4 万 m³；化学需氧量在 2011 年和 2013 年相差不大，2013 年比 2011 年增长 2.4t，2012 年的排放量最大，为 130.8t；五日生化需氧量在 2012 年和 2013 年较 2011 年分别增加了 14.1t 和 1.6t；氨氮的排放量在 2011 年为 3.4t，2012 年和 2013 年逐年增加，较 2011 年分别增加了 2.7t 和 4.4t；总氮的排放量呈逐年递增的趋势，在 2012 年和 2013 年分别增加了 4.1t 和 8.0t；总磷的排放量在 2012 年出现少量增加，增加了 0.08t，在 2013 年减少了 0.28t；挥发酚的排放量在 2013 年最大，为 32.0kg，较 2011 年和 2012 年分别增加了 29kg 和 22.7kg。

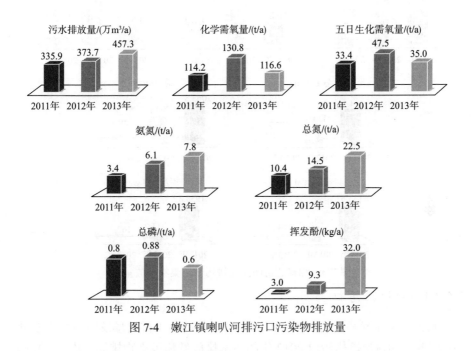

图 7-4　嫩江镇喇叭河排污口污染物排放量

7.4.2.3　加格达奇防洪闸排污口

目前收集了加格达奇防洪闸排污口 2011～2013 年的污水排放量及污染物排放量。由图 7-5 可知,加格达奇防洪闸排污口污水排放量最大为 2011 年的 4068.1 万 m³,2012 年和 2013 年的排放量逐年减少,较 2011 年分别减少了 178.5 万 m³ 和 1356 万 m³;化学需氧量 2012 年排放量最大,为 6534.5t,其次是 2011 年的 4108.8t,2013 年为 2956.2t;五日生化需氧量 2012 年排放量最大,为 2812.1t,其次是 2013 年的 1913.4t,2011 年为 1366.9t。氨氮、总氮、总磷和挥发酚的最大排放量均为 2011 年,2012 年和 2013 年呈逐年减少的趋势,具体情况如下:氨氮 2011 年的排放量为 614.3t,2012 年和 2013 年分别降低了 293.4t 和 143.7t;总氮 2011 年的排放量为 1063.8t,2012 年和 2013 年分别减少了 363.7t 和 340.3t;总磷 2011 年的排放量为 133.2t,2012 年和 2013 年分别减少了 79.9t 和 32.8t;挥发酚 2011 年的排放量为 1958.8kg,2012 年和 2013 年分别减少了 1647.6kg 和 148.5kg。

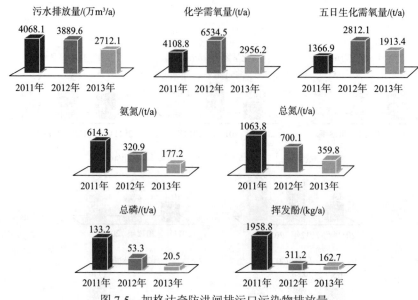

图 7-5　加格达奇防洪闸排污口污染物排放量

7.4.2.4　松岭排污口

目前收集了松岭排污口 2011 年和 2012 年的污水排放量及污染物排放量。由图 7-6 可知，松岭排污口 2012 年的污水排放量和污染物排放量均比 2011 年有所减少。其中，污水排放量减少了 240.2m³；化学需氧量排放量减少 21.9t；五日生化需氧量排放量减少 16.3t；氨氮排放量减少 1.17t；总氮排放量减少 0.62t；总磷排放量减少 0.98t；挥发酚排放量减少 115.93kg。

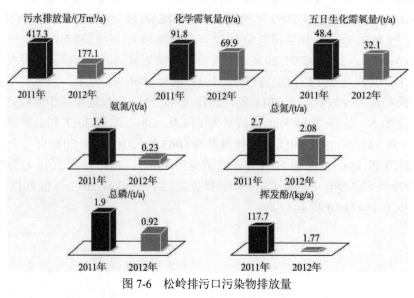

图 7-6　松岭排污口污染物排放量

7.4.2.5 嫩江县多宝山铜矿排污口

目前收集了嫩江县多宝山铜矿排污口 2012 年的污水排放量及污染物排放量，具体情况见表 7-5。

表 7-5 嫩江县多宝山铜矿排污口污染物排放量

污水排放量/ （万 m³/a）	化学需氧量/ （t/a）	五日生化需氧量/ （t/a）	氨氮/ （t/a）	总氮/ （t/a）	总磷/ （t/a）	挥发酚/ （kg/a）
889.3	382.4	169.9	15.5	32.5	3.0	8.9

7.4.2.6 山河农场场直排污口

目前收集了山河农场场直排污口 2013 年的污水排放量及污染物排放量，具体情况见表 7-6。

表 7-6 山河农场场直排污口污染物排放量

污水排放量/ （万 m³/a）	化学需氧量/ （t/a）	五日生化需氧量/ （t/a）	氨氮/ （t/a）	总氮/ （t/a）	总磷/ （t/a）	挥发酚/ （kg/a）
41.0	60.7	28.4	10.5	13.0	0.7	5.7

7.4.2.7 嫩北农场生活排污口

嫩北农场生活排污口 2013 年的污水排放量及污染物排放量具体情况见表 7-7。

表 7-7 嫩北农场生活排污口污染物排放量

污水排放量/ （万 m³/a）	化学需氧量/ （t/a）	五日生化需氧量/ （t/a）	氨氮/ （t/a）	总氮/ （t/a）	总磷/ （t/a）	挥发酚/ （kg/a）
42.6	30.9	5.3	11.3	15.7	1.0	2.8

7.4.2.8 建边农场场直排污口

目前收集了建边农场场直排污口 2013 年的污水排放量及污染物排放量，具体情况见表 7-8。

表 7-8 建边农场场直排污口污染物排放量

污水排放量/ （万 m³/a）	化学需氧量/ （t/a）	五日生化需氧量/ （t/a）	氨氮/ （t/a）	总氮/ （t/a）	总磷/ （t/a）	挥发酚/ （kg/a）
3.3	1.2	0.3	0.04	0.2	0.003	0.1

7.4.2.9 九三分局局直排污口

目前收集了九三分局局直排污口 2011 年和 2013 年的污水排放量及污染

物排放量。由图 7-7 可知，九三分局局直排污口 2013 年的污水排放量比 2011 年减少 18.3 万 m³。污染物排放量中，除总磷增加 0.8t，其他污染物在 2013 年均比 2011 年有所减少。其中，化学需氧量减少 188.2t；五日生化需氧量减少 217.7t；氨氮减少 8t；总氮减少 24.6t；挥发酚减少 56.3t。

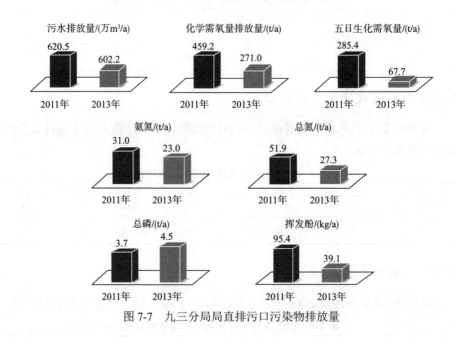

图 7-7　九三分局局直排污口污染物排放量

7.4.2.10　鹤山农场场直排污口

目前收集了鹤山农场场直排污口 2013 年的污水排放量及污染物排放量，具体情况见表 7-9。

表 7-9　鹤山农场场直排污口污染物排放量

污水排放量/（万 m³/a）	化学需氧量/（t/a）	五日生化需氧量/（t/a）	氨氮/（t/a）	总氮/（t/a）	总磷/（t/a）	挥发酚/（kg/a）
3.5	0.9	0.4	0.05	0.1	0.002	0.3

7.4.2.11　西小河排污口

目前收集了西小河排污口 2013 年的污水排放量及污染物排放量，具体情况见表 7-10。

表 7-10 西小河排污口污染物排放量

污水排放量/ （万 m³/a）	化学需氧量/ （t/a）	五日生化需氧量/ （t/a）	氨氮/ （t/a）	总氮/ （t/a）	总磷/ （t/a）	挥发酚/ （kg/a）
804.2	498.6	153.6	6.39	23.8	2.37	20.1

7.4.2.12 三马路排污口

目前收集了三马路排污口 2013 年的污水排放量及污染物排放量，具体情况见表 7-11。

表 7-11 三马路排污口污染物排放量

污水排放量/ （万 m³/a）	化学需氧量/ （t/a）	五日生化需氧量/ （t/a）	氨氮/ （t/a）	总氮/ （t/a）	总磷/ （t/a）	挥发酚/ （kg/a）
148.2	156.4	78.1	44.5	54.5	3.3	61.5

7.4.2.13 尖山农场场直排污口

目前收集了尖山农场场直排污口 2013 年的污水排放量及污染物排放量，具体情况见表 7-12。

表 7-12 尖山农场场直排污口污染物排放量

污水排放量/ （万 m³/a）	化学需氧量/ （t/a）	五日生化需氧量/ （t/a）	氨氮/ （t/a）	总氮/ （t/a）	总磷/ （t/a）	挥发酚/ （kg/a）
82.0	66.0	19.4	18.3	23.9	1.6	26.7

7.5 排污口优化

7.5.1 研究范围

从图 7-8（见书后彩图）中可以看到，汇入尼尔基上游的河流，主要有多布库尔河、固固河、欧肯河、门鲁河、科洛河、奎勒河与甘河，而老莱河是讷谟尔河的支流，汇入讷谟尔河后流入尼尔基水库的下游，因此老莱河上的三个主要排污口九三分局局直排污口、尖山农场场直排污口、鹤山农场场直排污口不在本书的研究区范围之内，因此，主要优化对象为位于科洛河上的两个排污口（三马路排污口、嫩北农场生活排污口）、门鲁河上的一个排污口（嫩江县多宝山铜矿排污口）、固固河上的一个排污口（建边农场场直排污口）、多布库尔河上的一个排污口（松岭排污口）、甘河上的两个排污口（西小河排污口、加格达奇防洪闸排污口）及嫩江干流上的两个排污口（嫩江镇喇叭河排污口、嫩江县污水处理厂排污口）。

在尼尔基水库上游主要水系中，欧肯河与奎勒河没有排污口，即不存在排污口优化的问题，因此，欧肯河与奎勒河不在本研究范围内。门鲁河的情况较为特殊，嫩江县多宝山铜矿排污口位于门鲁河支流泥鳅河上，因此门鲁河源头到泥鳅河汇入点段也不在本研究项目范围内。如图 7-9 所示（见书后彩图）。

图 7-8　嫩江上游示范区排污口分布图

图 7-9　研究范围

7.5.2 河段单元划分

对研究范围内的河流进行河段单元划分如图 7-10 所示（见书后彩图）。一般而言，河段划分越精细，其优化效果越好，同时，现有数据的空间分布情况较差，进行高精度的河段单元划分显然将增大工作量，且难以达到较好的优化效果。研究区内共有 12 917 个单元，其中，嫩江干流为 1727 个，多布库尔河 2394 个，科洛河 2286 个，甘河 4315 个，固固河 547 个，门鲁河 1648 个。

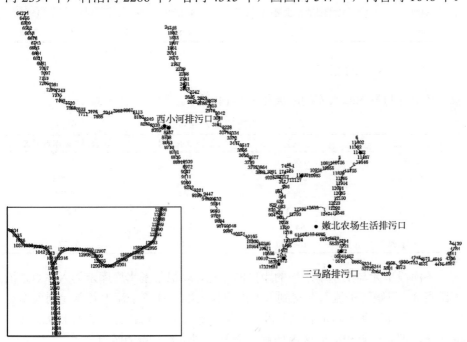

图 7-10　河段单元划分图

7.5.3 指标数据的获取

7.5.3.1 排污口排放数据

根据 2011～2013 年研究区内排污口的 COD、氨氮、总氮、总磷的排放数据，取三年平均值作为排污数据，通过 GIS 将排污口的排放数据与河段单元连接。如表 7-13 所示。

表 7-13　河段单元排污口排放数据表　　　　　　单位：t/a

河段单元号	排污口名称	COD	氨氮	总氮	总磷
1571	嫩江镇喇叭河排污口	120.5	5.8	15.8	0.8
1569	嫩江县污水处理厂排污口	520.1	62.8	83.5	5.1
5545	三马路排污口	156.4	44.5	54.5	3.3

续表

河段单元号	排污口名称	COD	氨氮	总氮	总磷
5648	山河农场场直排污口	60.7	10.5	13	0.7
6063	嫩北农场生活排污口	30.9	11.3	15.7	1
11449	嫩江县多宝山铜矿排污口	382.4	15.5	32.5	3
11080	建边农场场直排污口	1.2	0	0.2	0
2466	松岭排污口	80.9	0.8	2.4	1.4
8487	加格达奇防洪闸排污口	4533.2	497.2	492.3	155.0
8462	西小河排污口	498.6	6.39	23.8	2.37

7.5.3.2　与水库的距离

各单元与尼尔基水库的距离如表 7-14 所示。

表 7-14　各支流与入库点距离　　　　单位：m

河流	河长	汇合口单元号	汇合口与入库点距离
嫩江	172 771	—	—
多布库尔河	239 413	315	141 871
科洛河	228 550	1450	28 371
甘河	431 334	1641	9271
固固河	54 728	359	137 471
门鲁河	164 800	1046	68 771

各河段单元与尼尔基水库的距离的计算，以尼尔基水库库末为入库点，记为距离 0，以嫩江干流石灰窑到入库点河长为准，计算干流上各单元到入库点的距离，同样以各支流河长为基准，计算各支流上单元到支流汇入干流汇合口的距离，即可计算出研究区内任意一个单元到达入库点的距离。

7.5.3.3　水域纳污特性

水域纳污特性指标中的 COD_{Mn}、氨氮、总磷、总氮的值分别采用嫩江干流与各支流的水质监测数据，详见表 7-15。

表 7-15　嫩江干流、支流水质状况　　　　单位：mg/L

河流	COD_{Mn}	$NH_3\text{-}N$	TN	TP
嫩江	5.12	0.577	1.511	0.04
多布库尔河	4.32	0.351	0.606	0.01
科洛河	8.08	0.559	2.283	0.08
甘河	3.12	0.479	1.107	0.04
固固河	4.96	0.376	0.903	0.03
门鲁河	3.68	0.434	1.600	0.08

7.5.3.4 水功能区指标

一级功能区分为四类，即保护区、保留区、开发利用区和缓冲区，如表 7-16 所示。保护区指对水资源保护、自然生态及珍稀濒危物种的保护具有重要意义的水域；保留区指目前开发利用程度不高，为今后开发利用和保护水资源而预留的水域；开发利用区主要指具有满足工农业生产、城镇生活、渔业和游乐等多种用水要求的水域；缓冲区指为协调省际、矛盾冲突地区间用水关系，以及在保护区与开发利用区相接时，为满足保护区水质要求而划定的水域。

表 7-16 嫩江流域水功能区划分情况

河流	水功能区	起始断面	终止断面
嫩江干流	黑蒙缓冲区	石灰窑	尼尔基水库库末
	尼尔基水源保护区	尼尔基水库库末	尼尔基水库坝前
多布库尔河	源头保护区	源头	松岭水文站
	保留区	松岭水文站	多布库尔河汇入点
门鲁河	保护区	源头	汇入点
科洛河	保护区	源头	科后水文站
	保留区	科后水文站	汇入点
甘河	源头保护区	源头	吉文镇
	开发区	吉文镇	齐奇岭
	缓冲区	齐奇岭	加西村
	开发区	加西村	白桦乡
	缓冲区	白桦乡	讷尔克气乡
	保留区	讷尔克气乡	汇入点

本研究以嫩江流域水功能区划分情况为基础，结合嫩江流域水功能区划分图，将水功能分区情况与河段单元连接。如图 7-11 所示（见书后彩图）。

7.5.3.5 高程指标

高程指标采用 SRTM 数据的数字地面高程数据，经 ArcGIS 软件处理后获得研究区内的高程数据，如图 7-12 所示（见书后彩图）。

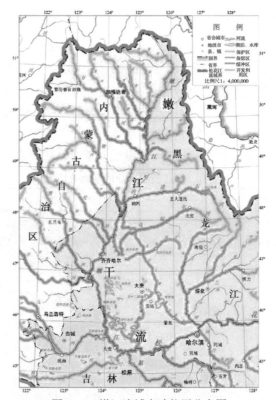

图 7-11　嫩江流域水功能区分布图

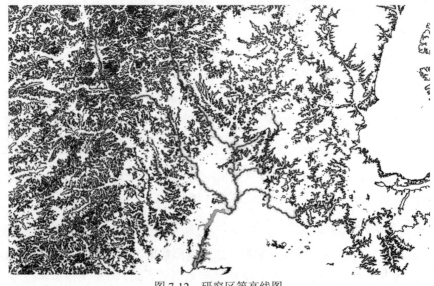

图 7-12　研究区等高线图

将处理过的高程数据,通过 ArcGIS 软件,提取河段单元的高程值,将提取的高程值与河段单元的信息连接,得到不同河段单元的高程值。从图中可以看到,研究区内高程起伏较大,整体的高程值变化在海拔-200～2000m,研究区河段的海拔较为平缓,多在 200m 以下。

7.5.3.6 坡度指标

通过 ArcGIS 软件与获得的高程图对高程数据进行处理,将 DEM 高程数据转化为坡度数据,并通过 ArcGIS 软件提取河段单元的坡度数据,将得到的坡度数据与河段单元的信息连接,从而得到不同河段单元的坡度值,如图 7-13 所示(见书后彩图)。

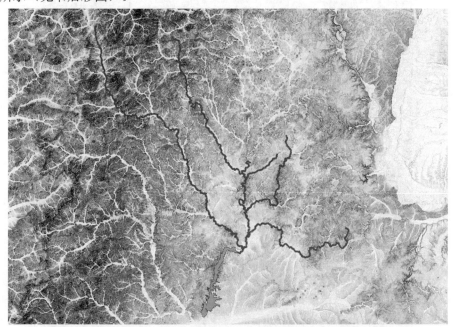

图 7-13　研究区坡度图

研究区内坡度情况整体较为平缓,坡度变化范围为 0°～77°,从图中还可以看出,研究区内河段单元所在区域较为平缓,除多布库尔河与甘河上游坡度变化较为剧烈外,整个区域坡度较缓。

7.5.3.7 土地利用数据

采用 Landsat 5 卫星的 TM 影像数据,如图 7-14 所示(见书后彩图),对研究区范围的土地利用状况进行解译,结合研究区土地利用类型的实际情况,运用 ENVI 软件采用最大似然法与监督分类,对研究区土地利用状况进行分类,而后运用决策树方法对研究区的土地利用类型进行归类,主要分为林地、草地、荒地、水体、水浇地、望天田等,如图 7-15 所示(见书后彩图)。而后在土地利用分类的基础上进行重新分类,依据排污口优化评价标准,将 2Ⅲ 指标划分成荒地、草地、林地、农田、建设用地、水体等五类。最后利用 ArcGIS 软件提取研究区域的土地利用信息,将土地利用信息与河段单元相关联,获得各河段单元的土地利用状况。

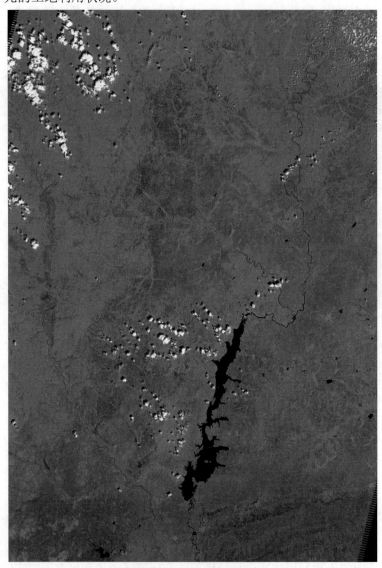

图 7-14　研究区遥感影像

图 7-15　研究区土地利用图

由图 7-15 可以看到，目前在研究区内，北部与西部主要为林地，南部临近尼尔基库区主要为农田。

7.5.4　评估结果

提取以上数据后，与河段单元数据相关联，在 ArcGIS 软件下将河段单元的链接数据提取出来，对各河段单元中的十三个评估因子进行单因子评估，从而完成评估因子的去量纲化，将不同取值范围与量纲的数据转化为 0～100 的分值，避免由量纲及取值范围变化引起的误差。

7.5.4.1　单因子评估结果

将单因子评估结果的分值进行模糊化处理，归为优、良、中、差的评语集，从而将连续的评分转化为离散的评估等级。而后将单因子评估结果输入 ArcGIS 软件，与河段单元数据相关联，得到不同因子的单因子评估结果的空间分布图，针对排污口建设适宜的单因子进行分析与研究，找到目前制约嫩江排污口建设的主要影响因素，从而为排污口的空间优化打下基础。

1. 化学需氧量

图 7-16 反映了嫩江上游区沿江高锰酸盐指数浓度的空间分布情况，结合排污口的空间分布位置，可以判断排污口建设的合理性。

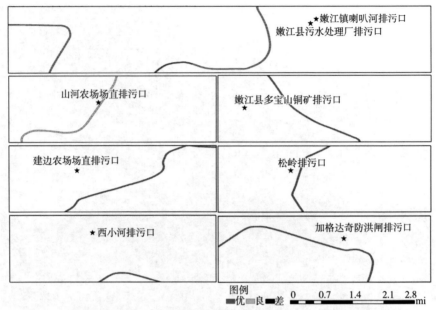

图 7-16　排污口处高锰酸盐指数浓度分布图

由图 7-16 可以看到，在高锰酸盐指数浓度单因子指标下，只有科洛河上的三个排污口山河农场场直排污口、三马路排污口及嫩北农场生活排污口不适宜，主要是因为科洛河水质高锰酸盐指数浓度较高，相应地，其化学需氧量环境容量较小。同时，需要注意的是，嫩江干流上的两个排污口嫩江县污水处理厂排污口与嫩江县喇叭河排污口虽然所在区域水质较好，存在较大的环境容量，能接纳两个排污口的排放量，但是，其下游 3km 左右水质较差，且距离尼尔基水库入库点较近。

2. 氨氮

氨氮浓度与高锰酸盐指数浓度指标相同，是表示纳污水体本身的环境容量对排污口排放量的支持程度。图 7-17 给出了排污口处氨氮浓度分布，与高猛酸碱浓度分布情况类似，嫩江上游区水质情况良好，氨氮浓度较低，各河段单元有较大的环境容量供排污口排污。

由图 7-17 可以看到，各排污口处水体氨氮浓度较小，具有较大的排污潜力，仅有嫩江干流两个排污口嫩江镇喇叭河排污口、嫩江县污水处理厂排污口下游约 3 公里处的水体有氨氮浓度较大的现象，不适宜建设排污口，因此应当考虑适当优化。

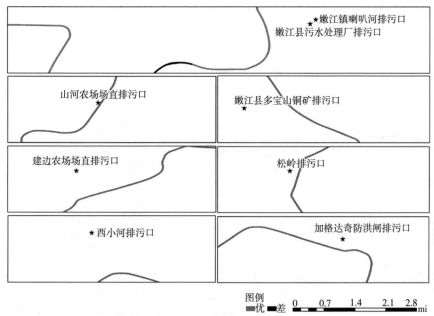

图 7-17　排污口处氨氮浓度分布图

3. 总氮

总氮与氨氮存在一定关系，氨氮是总氮的一部分，但是仅依靠氨氮并不能很好地表示水中营养元素的浓度，因此采用总氮与总磷浓度表示水体环境容量对排污口排放营养元素的支持程度。图 7-18 反映了嫩江上游各个排污口处总氮浓度的分布情况，从图中可以看到，嫩江上游地区的总氮浓度较高，各个排污口处的总氮浓度均较高。其中，科洛河上的总氮浓度最高，其最不适宜容纳排污口排放的总氮，因此，在总氮浓度单因子条件下，其排污口建设适宜性较差。嫩江干流上的两个排污口处的总氮浓度同样较高，其总氮环境容量较小，同时其下游 3km 处水体的总氮浓度较大，其建设排污口的适宜性评估结果为中，说明其建设排污口具有一定局限性。同样，位于门鲁河上游支流的嫩江县多宝山铜矿排污口，总氮浓度较高，总氮浓度单因子评估结果为中，显示其建设排污口具有一定的局限性。而在甘河上游的西小河排污口与加格达奇防洪闸排污口处的总氮浓度尚可，其总氮浓度评估结果为良，可以容纳一定量的总氮污染物排放。

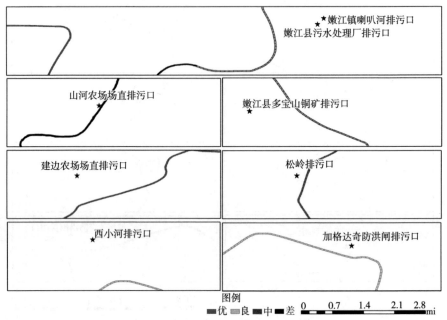

图 7-18　排污口处总氮浓度分布图

4. 总磷

水体中的营养元素，除总氮外还有磷元素，采用总磷浓度指示水体中磷元素的浓度，定量表明水体中的营养元素的浓度，表示水体对于总磷排放的可容纳情况，图 7-19 给出了排污口处总磷浓度的分布情况。整个流域内总磷指标较好，水质情况理想，仅有嫩江干流两个排污口下约 3km 处至尼尔基水库入库点位总磷浓度较高，不适宜建设排污口，其他各排污口处的总磷浓度较低。仅从总磷浓度单一指标而言，较为适合排污口的建设。

5. 水功能区

嫩江水系上游，按照水功能区划来看，有较多的保护区、缓冲区与保留区不适合排污口的建设。对水功能区划的空间分布进行量化，嫩江干流处与固固河上建边农场场直排污口所在河段水功能区为保留区，即为社会经济发展而预留的可开发的区域，一定程度上适宜进行排污口建设。而门鲁河上游的嫩江县多宝山铜矿排污口、多布库尔河上游的松岭排污口，由于所在河流为黑蒙缓冲区，因此建设排污口有较大限制。如图 7-20 所示。

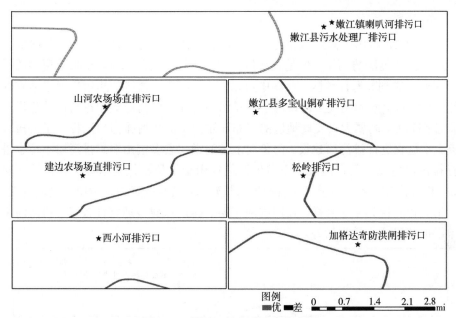

图 7-19　排污口处总磷浓度分布图

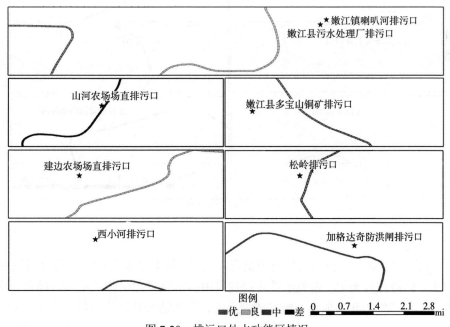

图 7-20　排污口处水功能区情况

6. 高程

图 7-21 给出了排污口处的高程情况。河流上游往往是海拔较高的区域，如此河流才能顺势而下，但是高海拔会带来工程建设的困扰，意味着更多的材料需要运送到高海拔地区。从图中可以看出，河流上游区的排污口建设适宜性较差，甘河上游的两处排污口西小河排污口与加格达奇防洪闸排污口的建设适宜性都为差。同属大兴安岭地区的多布库尔河上的松岭排污口同样由于海拔较高，不适宜进行排污口建设。门鲁河上游的嫩江县多宝山铜矿排污口不适宜进行排污口建设。而在河流中下游地区往往由于地势较低更适宜进行排污口建设，例如嫩江干流，由于河段流经地海拔较低，具有更好的排污口建设适宜性，其适宜性状况为中。同样，在固固河下游的排污口建设适宜性较高，科洛河中下游的建设适宜性也较好。

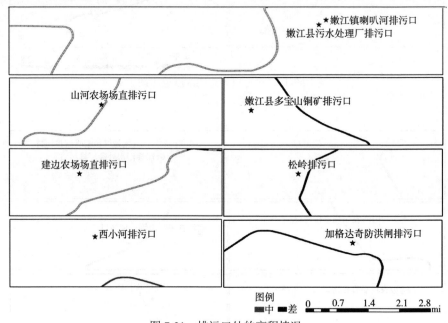

图 7-21 排污口处的高程情况

7. 坡度

图 7-22 显示了排污口处坡度情况，从图中可以看出排污口建设区域坡度较小，地势较为平坦，避免了排污口建设中由于地势起伏较大带来的提升、挖掘等工作产生的相关成本，嫩江流域上游区较为适合建设排污口。

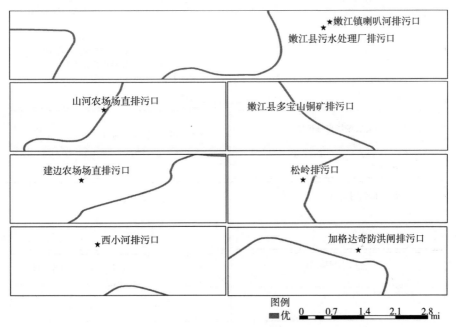

图 7-22　排污口处的坡度情况

8. 土地利用状况

除高程与坡度以外，土地利用状况是另外一个对排污口建设产生较大影响的因素，如果河段所在区域土地利用状况为荒地，则不需要进行任何开发（例如伐木、除草）或进行用地征用补偿（例如农田、公路、房屋），同时也可以避免排污口建设对原有生态系统的影响。图 7-23 展示了嫩江典型区各排污口处的土地利用状况，由图中可以看出，仅从土地利用状况的单因子分析，嫩江干流的两个排污口及甘河上的两个排污口，由于所在区域的土地利用状况皆为建设用地，因此其排污口建设适宜性较差。而科洛河上的山河农场、嫩北农场由于其排污口所在区域为农田，因此其排污口建设适宜性有一定限制，评估结果显示为中。嫩江县多宝山铜矿排污口、建边农场场直排污口与松岭排污口所在河段的土地利用状况较好，评估结果显示为良。

9. 污染物排放情况

图 7-24 为各排污口排放情况，若河段的水环境容量是一定的，那么排污口排放量越大，剩余的水环境容量就越小，因此在其河段内再建设排污口的适宜性则越差，嫩江县污水处理厂生活污水的污染物排放量较大，而其他排污口的排放量尚可。

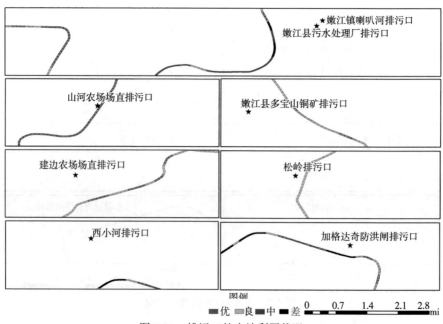

图 7-23　排污口处土地利用状况

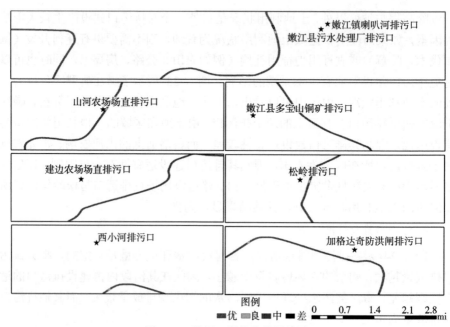

图 7-24　排污口污染物排放情况

10. 距离

各个河段与入库点距离是主要的排污口建设适宜性指标，当各河段与入库点距离越近，其排污口对水库的影响越明显，各河段距离入库点越远，其排污口对水库的影响越小，从图 7-25 中可以看出，嫩江干流上两个排污口与入库点距离较近，其河段建设排污口的适宜性较低，其距离单因子评估结果显示为中，而其他排污口由于距离入库点较远，其评估结果为优，较为适宜建设排污口。

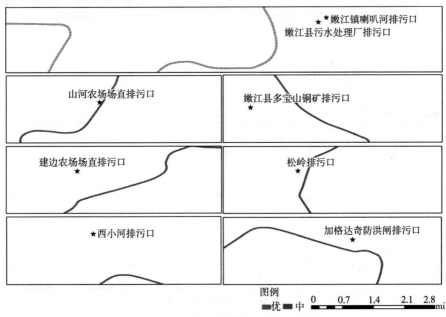

图 7-25　排污口处河段与入库点距离

7.5.4.2　综合评估结果

将以上单因子评估结果与之前层次分析法计算权重结合，在 ArcMap 平台下进行空间加权叠加，可以获得嫩江流域上游的排污口建设的建设适宜性，如图 7-26 所示。目前已有的排污口的适宜性情况如下：嫩江干流上的两个排污口嫩江污水处理厂排污口与嫩江喇叭河排污口适宜性均为良，从单因子评估结果中可以知道，主要受到总氮浓度、与入库点距离、土地利用状况、高程等影响，可以考虑向上游迁移 700m 左右，此河段的建设适宜性较好；科洛河上游的山河农场场直排污口及三马路排污口的适宜性较差，其评估结果为差，从单因子分析，主要的影响因素为高程及水功能区，从整个流域而言，可向下游迁移 19.5km；门鲁河上游的嫩江县多宝山铜矿排污口的适宜性为良，需要注意的是门鲁河的适宜性为良与差，无法进行空间优化，只能进行相关的跨流域优化；多布库尔河上的松岭排污口、固固河上的建边农场场直排污口、甘河上的西小河排污口的适宜性较好，可以进行排污口建设，不必进行相关优化，而甘河上的加格达奇防洪闸排污口主要受到排污口排放的影响，使其适宜性评估结果为良，由于其不受河段本身的理化性质影响，而受排污口自身影响，因此无法进行空间优化，应进行排污量优化。

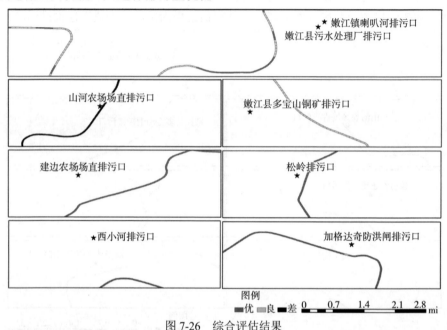

图 7-26　综合评估结果

点源污染是那些有明确范围、集中排放进入水体的污染源，由人为控制，主要为工业排放。点源污染相对来说比较容易控制，最主要的是立法并对企业的达标排放进行合理的监管。水体中的有机污染物包括需氧污染物和一般污染物。其中水体含有的碳氢化合物、脂肪、蛋白质和糖类等有机物在微生物的作用下，可以分解成二氧化碳和水等简单的无机物，在分解的过程中消耗大量的溶解氧。水体中的亚硫酸盐、硫化物、亚铁盐和氨类等还原性无机物，在发生氧化的过程中也消耗水体中的溶解氧，这类物质统称为需氧污染物。需氧污染物的存在使水体中的溶解氧下降，影响水生动物和水生植物的正常生活，使水质恶化。除了需氧有机污染物外，水体中的有机污染物还包括一般的有机污染物，石油、酚类等都是这类有机污染物。

8

嫩江流域典型示范区水生态风险预警决策

根据上游监测断面水质变化对下游断面的水质情况的影响，依据水质变化的预警结果结合评估指标体系，利用"状态-压力-响应"模型，建立环境生态安全评估指标体系。在决策部分采用系统动力学模型，从控制反馈的角度出发，构建 COD、氨氮、总磷、总氮、有毒物质 5 个水质指标的上游来水、支流汇入、沿江排污、非点源汇入成因，确定一种采用融合技术建立尼尔基水库水生态风险预警模型的方法。

8.1 嫩江流域典型示范区生态风险管理关键技术

8.1.1 系统动力学

系统动力学（system dynamics）是研究信息反馈的科学，以反馈控制理论为基础，用数字计算仿真技术定量研究复杂的大系统，是认识与解决系统问题相互交叉的综合性科学。系统动力学强调系统的、整体的观点，是研究半定量、趋势性问题的有效工具，解决系统中存在的反馈、时滞与非线性问题。系统动力学是以计算机模拟技术为主要手段，对复杂动态反馈性系统问题进行研究与解决的一种仿真方法，是一种适合进行动态预测与政策影响分析的方法，为科学决策提供依据。如图 8-1 所示（见书后彩图）。

系统动力学建模可分为以下四个步骤。

（1）系统分析。对所需研究的系统进行深入的调查研究，通过与用户及有关专家的共同讨论，确定系统目标，明确系统的问题，收集定性与定量两方面的有关资料和数据，然后大致划定系统的边界。

（2）结构分析。在系统分析的基础上，划分系统的层次与子块，确定总体与局部的反馈机制。

（3）模型的建立与模拟。在系统分析和结构分析基础上，对系统建立规范的数学模型。

（4）模型检验与修正。通过历史数据回代，对模型的结构及层次进行分析，以确定模型结构存在的问题，并对不恰当的参数进行率定，从而对整个模型进行修正，使模型能更准确地反应系统的变化规律。

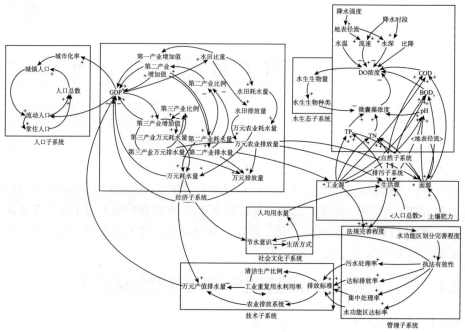

图 8-1　系统动力学子系统划分

8.1.2　贝叶斯信度网络技术

8.1.2.1　贝叶斯网络主要组成部分

贝叶斯网络主要组成部分：①有向无环图，系统中的每个研究变量用一个节点来表示，其中节点表示随机变量，节点之间有向边是节点间的直接因果关系，例如，变量 A 与 B 之间有直接的因果关系，则由一条由 A 到 B 的有向边来表示；②条件概率表，表示变量之间具体的依赖程度，即在其父节点发生的情况下，子节点发生的概率（克拉克，2013）。

贝叶斯网络同其他回归模型一样，是由数据驱动的黑箱模型。但贝叶斯网络又不同于通常的统计回归模型，其是一个"概率推理图模型"，是为了量化系统不确定性而被提出的统计模型。由节点和有向线段构成的网络结构，是贝叶斯网络的"硬件"，也是外观，由各节点边缘概率分布和子节点对父节点的条件概率构成参数。贝叶斯网络的算法包括三个部分：结构学习、参数学习和概率推理。根据贝叶斯网络是否考虑时间参数，可以分为静态贝叶斯网络和动态贝叶斯网络。静态贝叶斯网络就是把不确定的元素看成一个个节点，并用概率表示其因果关系，从而形成一个信度网络（郭水良等，2015）。

8.1.2.2　基于贝叶斯网络的生态风险评估设计思路

根据生态环境所涉及的领域和各项指标，并且为了能够简化分析并给予一个明确的物理关系，将功能与作用相近的贝叶斯网络节点作为同一个集合，称为子图。根据生态网络的粗略的划分，将贝叶斯网络分为六个子图，分别为：决策子图、现实子图、观测子图、表示子图、评判子图和辅助子图（Kelly and Smith，2014）。

（1）决策子图。表示某些人为决策的因素对环境的影响，例如政策法规的实施、公众的环境意识、环保技术创新所带来的好处等。

（2）现实子图。指不同的社会功能单元对环境的影响，例如旅游业、农业、工业、供水部门、采矿和城镇化等带来的水资源消耗及污水的排放。

（3）观测子图。环境是否污染，不能直接通过前两个子图判断，因而需要有一些观测指标。所有的观测指标在拓扑逻辑上构成观测子图，例如生物多样性指标、化学元素指标和生物生存指标等。观测子图是本项目的关键，直接决定网络模型的建立和风险决策评估。

（4）表示子图。当获得观测值后，可以通过贝叶斯网络进行推理，获取所需要的环境指标，例如水体质量。

（5）评判子图。这一个可扩展的功能，即基于当前的状态，检测环境对其他领域的影响。评判子图是环境领域与其他科研领域的相通的接口，为未来的发展和研究提供一个参考。

（6）辅助子图。在设计贝叶斯网络时，除了考虑到数据的建模，本书还扩展出一个功能子图，称为辅助子图，用于分析直接关系外的可能影响观测值及最终决策的其他因素。

这些子图的划分并不是将贝叶斯网络进行分割，而是一种逻辑功能的划分，便于设计和理解。其实每一个子图内的节点都会与外部其他子图的节点紧密联系，如果基于拓扑学的角度对贝叶斯网络进行划分，其划分结果肯定与这6个功能子图的划分方法截然相反。

8.1.2.3　功能实现

基于历史数据和研究成果，导入贝叶斯网络，让其自动学习，进而实现以下几个功能。

（1）基于地方特色的模型构建。在现实子图和观测子图的构建当中引入GIS系统，构建基于当地地理信息的独特的贝叶斯网络，突出数据自身的地方特色，构建嫩江水生态数据模型。

（2）生态风险评估。获得当前数据后，实现对生态环境的实时风险评估。

在表示子图中呈现评估结果。

（3）环境污染源追踪。对于目前的观测结果，采用基于后验概率的假设检验方式，计算现实子图中可能的污染源。

（4）相关性评估。分析各个子图及其各节点的相关性，找到影响生态风险评估的最相关的因素，优化贝叶斯网络的结构，并能够直观的看到影响环境的各个要素。

（5）生态环境模拟。调节各节点参数，模拟对环境的影响。尤其对于决策子图来说，决策结果是长期的，采用贝叶斯网络对决策结果进行模拟，可以提供在数学模型上的参考依据。

8.2 基于系统动力学的社会经济发展与水环境关系模型

按照对尼尔基水库上游 TP、TN 来源的分析，可以看到对尼尔基水库入库的污染源量影响较大的是支流汇入、非点源排放、上游来水与沿江排污。

8.2.1 沿江排污

尼尔基水库上游，嫩江干流中主要的排污点为嫩江县污水处理厂的生活污水排放与嫩江县喇叭河排污口的工业废水排放，二者皆来自于嫩江县的社会经济发展，受到嫩江县人口及社会经济发展的影响，如图 8-2 所示。因此本书构建了以下系统动力学模型来模拟社会经济发展对嫩江县排污口的影响，从而实现优化嫩江县社会经济发展形式，控制嫩江县排污量，降低由点源排放造成的尼尔基水库水生态风险。

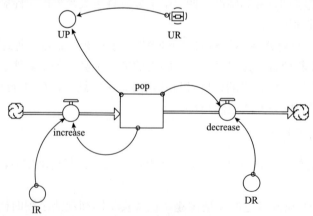

图 8-2　人口数量模型

由图 8-2 可知，人口数量变化受到人口增长与人口减少的影响，不考虑人口增长率与人口减少率的变化情况，那么嫩江县人口的数量应为

$$POP(t) = POP(t-1) + increase + decrease \qquad (8-1)$$

式中，POP（t）为 t 年时嫩江县人口；POP（$t-1$）为嫩江县 $t-1$ 年时的人口；increase 为嫩江县从 $t-1$ 年到 t 年的人口增加量；decrease 为嫩江县从 $t-1$ 年到 t 年的人口减少量。

在不考虑嫩江县城镇化率年际变化情况的前提下，嫩江县非农业人口数量可表示为

$$UP = POP \times UR \qquad (8-2)$$

式中，UP 为嫩江县第 t 年的非农业人口数量；UR 为嫩江县第 t 年的城镇化率。

农业人口与非农业人口的日排污系数不同，在已知非农业人口数量与非农业人口污染物排放系数的情况下，可以计算出嫩江县生活污水排放过程中排放的污染物量。同时，根据生活污水排放入河系数及嫩江县污水处理厂排污量占嫩江县排污总量的比例，可以计算出嫩江县污水处理厂排污量。系统动力学模型如图 8-3 所示。

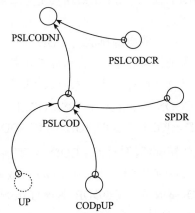

图 8-3 嫩江县生活污水排放 COD 入河量

嫩江县生活污水排放入河量的计算公式为

$$PSLCODNJ = PSLCOD \times PSLCODCR \qquad (8-3)$$
$$PSLCOD = UP \times CODpUP \times SPDR \qquad (8-4)$$

式中，PSLCODNJ 为嫩江县生活污水排放入河 COD 量；PSLCODCR 为生活点源 COD 排放入河系数；CODpUP 为每年单位非农业人口排放 COD 的量；SPDR 为嫩江县污水处理厂排放量占嫩江县排放总量的比例。

除生活污水之外，工业生产废水产生的污染量是点源排放的另一大来源，模型中采用万元工业增加值与单位工业增加值污染物排放量为主要指标。其中工业增加值的系统动力学模型如图 8-4 所示。

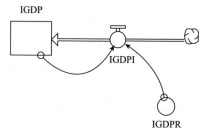

图 8-4　嫩江县工业增加值模型

由图 8-4 可知，嫩江县工业增加值变化受到嫩江县工业增加值增长量的影响，当增长量为正时，其总量上升，反之总量下降，即

$$IGDP(t) = IGDP(t-1) + IGDPI(t) \tag{8-5}$$

$$IGDPI(t) = IGDP(t-1) \times IGDPR \tag{8-6}$$

式中，IGDP（t）为嫩江县第 t 年的工业增加值量；IGDP（$t-1$）为嫩江县第 $t-1$ 年的工业增加值量；IGDPI（t）为第 t 年嫩江县工业增加值增长量；IGDPR 为嫩江县工业增加值增长率。

由图 8-5 可知，嫩江县工业点源排放的 COD 量受到嫩江县工业增加值、嫩江县万元工业增加值污染物排放量、嫩江镇喇叭河排污口排放量占嫩江县工业点源排放量的比值，以及工业点源排放入河系数的影响，计算公式如下：

$$PSICODNJ = PSICOD \times PSICODCR \tag{8-7}$$

$$PSICOD = IGDP \times CODpIGDP \times ICODDR \tag{8-8}$$

式中，PSICODNJ 为嫩江镇喇叭河排污口 COD 入河量；PSICOD 为嫩江镇喇叭河排污口排放量；PSICODCR 为工业点源 COD 排放入河系数；CODpIGDP 为万元工业增加值 COD 排放量；ICODDR 为嫩江镇喇叭河排污口排放 COD 占嫩江县工业点源排放 COD 比例。

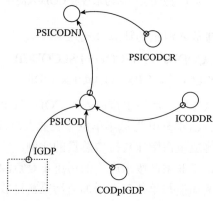

图 8-5　嫩江县工业污染源排放模型

按照以上模型与方法可以计算出氨氮、总磷与总氮的沿江排放量。

8.2.2 非点源污染

非点源污染主要来自于降水产生的地表径流冲刷，受到研究区的土地利用状况影响较为明显，因此建立模型时主要考虑不同土地利用类型及不同土地利用类型的污染物输出系数。此处需要注意的是，社会经济发展对土地利用变化的影响是存在的，但是由于模型的时间与空间尺度较小，而土地利用类型的变化往往是大空间尺度、长时间跨度下才能显现的过程，土地利用变化情况被认为是恒定的。非点源排放模型如图 8-6 所示。

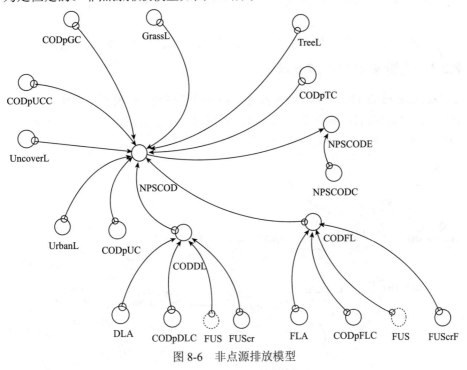

图 8-6 非点源排放模型

根据图 8-6，COD 的非点源排放包括农田（水田）、林地、草地、城镇建设用地及荒地。其中，影响农田排放的有输出系数、施用化肥的用量及化肥中污染物的浓度比例，因此其非点源排放可以根据以下公式进行计算：

$$NPSCODE=NPSCOD \times NPSCODC \tag{8-9}$$

$$NPSCODE=CODDL+CODFL+TreeL \times CODpTC+GrassL \times CODpGC$$
$$+UncoverL \times CODpUCC+UrbanL \times CODpUC \tag{8-10}$$

$$CODDL = DLA \times CODpDLC + DLA \times FUS \times FUScr \tag{8-11}$$

$$CODFL = FLA \times CODpFLC + FLA \times FUS \times FUScrF \qquad （8-12）$$

式中，NPSCODE 为非点源 COD 排放入河量；NPSCOD 为非点源 COD 产生量；NPSCODC 为非点源污染排放入河系数；CODDL 为旱田产生 COD 量；CODFL 为水田产生 COD 量；TreeL 为研究区林地面积；CODpTC 为林地 COD 输出系数；GrassL 为研究区草地面积；CODpGC 为草地 COD 输出系数；UncoverL 为研究区荒地面积；CODpUCC 为荒地 COD 输出系数；UrbanL 为研究区建成区面积；GDPpUC 为建设用地 COD 输出系数；DLA 为研究区旱田面积；CODpDLC 为旱田输出系数；FUS 为研究区内单位耕地化肥施用量；FUScr 为研究区旱田化肥效率；FLA 为研究区水田面积；CODpFLC 为水田输出系数；FUScrF 为研究区水田化肥效率。

氨氮、总磷、总氮的非点源排放的模型、公式与 COD 污染的情况类似。

8.2.3 上游来水与上游支流汇入

通过之前的 TP、TN 污染来源分析，可以了解到，主要污染来源为下游甘河汇入、上游来水及非点源汇入。以上游来水水质、甘河汇入、沿江排放、非点源汇入为主要污染物来源构建模型，如图 8-7 所示。

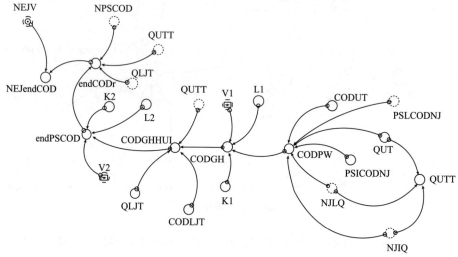

图 8-7 尼尔基水库库末水质模型

根据图 8-7 中的模型结构，由上游来水水质与流量计算出嫩江县排污口的水质，并由排污口的污染物排放量及排放污水量按照一维水质公式计算出甘河汇入处的水质，按照甘河汇入水质及甘河流量继续推算出到尼尔基水库库末的污染物量，并与非点源排放的污染物的量相结合，根据尼尔基水库的库容计算出尼尔基水库中的污染物浓度。计算公式如下：

$$CODPW = \frac{CODUT \times QUT + PSLCODNJ \times NJLQ + PSICODNJ \times NJIQ}{NJLQ + NJIQ + QUT} \quad （8\text{-}13）$$

$$CODGH = CODPW \times \exp\left(-\frac{K1 \times L1}{V1}\right) \quad （8\text{-}14）$$

$$CODGHHUI = \frac{CODGH \times QUTT + CODLJT \times QLJT}{QUTT + QLJT} \quad （8\text{-}15）$$

$$QUTT = QUT + NJLQ + NJIQ \quad （8\text{-}16）$$

$$endPSCOD = CODGHHUI \times \exp\left(\frac{-K2 \times L2}{V2}\right) \quad （8\text{-}17）$$

$$endCOD = endPSCOD \times (QUTT + QLJT) + NPSCOD \quad （8\text{-}18）$$

式中，CODPW 为嫩江县排污口处的 COD 浓度；CODUT 为上游来水浓度；QUT 为上游来水流量；PSLCODNJ 为嫩江县污水处理厂排污口排放浓度；NJLQ 为嫩江县污水处理厂污水排放量；PSICODNJ 为嫩江镇喇叭河排污口排放浓度；NJIQ 为嫩江镇喇叭河排污口排放量；CODGH 为甘河汇入处的 COD 浓度；K1 为上游来水断面到排污口河段的 COD 降解系数；L1 为上游来水断面到排污口河段的河长；V1 为上游来水断面到排污口河段的流速；CODGHHUI 为甘河汇入点处 COD 浓度；QUTT 为上游来水汇合嫩江县排污污水量；CODLJT 为甘河 COD 浓度；QLJT 为甘河流量；endPSCOD 为尼尔基水库库末 COD 点源浓度；K2 为甘河汇入点到尼尔基水库库末河段的 COD 降解系数；L2 为甘河汇入点到尼尔基水库库末河段的河长；V2 为甘河汇入点到尼尔基水库库末河段的流速。

氨氮、总磷、总氮的水质模拟的模型、公式与 COD 污染的情况类似，因此，按照以上的模型结构与公式可以模拟氨氮、总氮与总磷的水质状况。

8.2.4 特征污染物的模拟

由于上游来水、甘河汇入、排污口的监测数据中并没有特征污染物的数据，在模型模拟中无法考虑这部分特征污染物的研究，主要为水田、旱田农药施用的残留与排放。模型如图 8-8 所示。

$$NPCE = NPC \times NPCC \quad （8\text{-}19）$$

$$NPC = DLA \times CUS \times CUSr + FLA \times CUS \times CUSrF \quad （8\text{-}20）$$

式中，NPCE 为特征污染物排放量；NPC 为特征污染物产生量；NPCC 为特征污染物排放入河系数；CUS 为每亩农田农药的施用量；CUSr 为旱田农药残留系数；CUSrF 为水田农药残留系数。

通过以上公式计算特征污染物的排放量，同时，由于特征污染物较难以降解，因此在污染物排放过程中不考虑其降解情况。

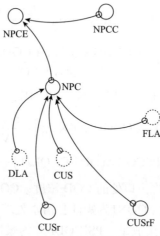

图 8-8　特征污染物排放量模型

8.3　基于贝叶斯网络的上游水质与下游水质关系模型

由于受到水系分布的影响，以及尼尔基水库的生态风险诱因影响，尼尔基水库库区水生态风险存在两方面的影响因素，其一为空间影响，其二为水质影响。水质主要受到常规检测项目 COD、BOD$_5$、TP、氨氮、有毒物与重金属的影响，对比尼尔基水库水生态风险评估指标体系，可以看到缺少了一部分指标，这主要是采样指标不同造成的影响，例如上游流域没有对总氮进行监测，而在尼尔基水库中则对总氮进行了监测，为了使二者便于组成网络，去掉了总氮元素，另外一部分是样本中多次监测均为超标。图 8-9 为水生态风险贝叶斯预警模型。

尼尔基水库库末水质主要受到 4 个空间因素的 6 个水质指标影响，例如，已知甘河-柳家屯断面 COD 水质为Ⅲ类，而上游干流-石灰窑断面 COD 水质为Ⅳ类，嫩江浮桥 COD 水质为Ⅳ类，嫩江县排放为Ⅲ类，可由贝叶斯网络推断尼尔基水库库末 COD 水质为Ⅴ类水质的概率，那么在 4 个空间因素的 6 个水质指标都明确的情况下，推断出尼尔基库末的最大概率水生态风险等级，从而实现水生态风险预警。同时，当尼尔基水库库末水质状况已知时，可以实现对空间因素的溯源，若尼尔基水库库末断面监测到 COD 水质类别为Ⅳ类，那么可以依据以上贝叶斯模型推断出 4 个空间排污点中哪个对尼尔基水库库末影响最大，从而实现水生态风险诊断。

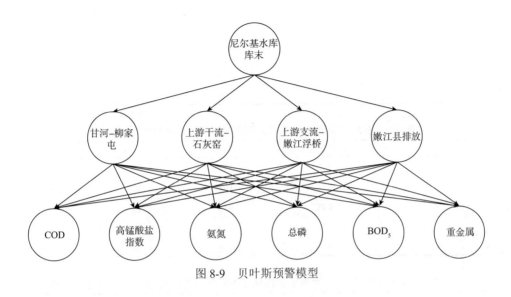

图 8-9　贝叶斯预警模型

8.3.1　数据信息

按照贝叶斯概率公式可以计算任意两个断面之间的关系，假设任意断面之间的水质状况为互相独立事件，即下游水质状况的概率分布不受上游水质状况影响，这种假设是出于监测数据质量的考虑，即由于不同断面水质的采样时间、采样频率不同，无法计算其条件概率，因此，为保证贝叶斯网络模型的准确性与易用性，在上游断面中挑选采样时间较为接近，采样频率较为一致的断面。并综合考虑对尼尔基水库水质有较为明显影响的断面，构成贝叶斯网络模型的节点，按照尼尔基水库上游到下游水质影响的情况，干流上游断面依次为石灰窑断面、嫩江浮桥断面、嫩江排污口断面、繁荣新村断面，支流上为柳家屯断面，其他支流断面的采样频率与其他断面存在较大的差异，因此不可用于模型。

针对尼尔基水库上游尼尔基水库库末（繁荣新村断面）、甘河汇入（柳家屯断面）、上游支流（嫩江浮桥断面）、上游汇入（石灰窑断面）及嫩江县排污口的影响，按照贝叶斯概率公式，需要计算在尼尔基水库库末（繁荣新村断面）各水质指标不同等级下，上游支流（嫩江浮桥断面）、上游汇入（石灰窑断面）、甘河汇入（柳家屯断面）及嫩江县排污口水质指标为不同等级的概率，对采样数据进行分析，对照地表水水质标准，计算各个采样点不同水质指标取不同等级的概率，如表 8-1～表 8-7 所示。

表 8-1　繁荣新村断面各水质指标取不同等级的单独概率表　　单位：%

	高锰酸盐指数	COD	NH₃-N	TP
I	0	33.33	0	0
II	28.57	16.67	43	100
III	42.86	16.67	57	0
IV	28.57	33.33	0	0
V	0	0	0	0

表 8-2　石灰窑断面各水质指标取不同等级的单独概率表　　单位：%

	高锰酸盐指数	COD	NH₃-N	TP
I	0	33.33	0	16.67
II	33.33	16.67	80	83.33
III	33.33	33.33	20	0
IV	33.34	16.67	0	0
V	0	0	0	0

表 8-3　嫩江浮桥断面各水质指标取不同等级的单独概率表　　单位：%

	高锰酸盐指数	COD	NH₃-N	TP
I	14.28	33.33	0	14.3
II	14.29	16.67	67	85.7
III	57.14	16.67	33	0
IV	14.29	33.33	0	0
V	0	0	0	0

表 8-4　柳家屯断面各水质指标取不同等级的单独概率表　　单位：%

	高锰酸盐指数	COD	NH₃-N	TP
I	42.86	50	85	28.57
II	14.28	0	8	71.43
III	14.28	16.67	4	0
IV	28.58	33.33	2	0
V	0	0	1	0

表 8-5　尼尔基水库库末断面各水质指标取不同等级的单独概率表　　单位：%

	高锰酸盐指数	COD	NH₃-N	TP
I	0	16.67	0	0
II	42.31	37.5	0	26.92
III	23.08	12.5	29.17	57.7
IV	34.61	33.33	37.5	15.38
V	0	0	33.33	0

表 8-6　尼尔基水库库中断面各水质指标取不同等级的单独概率表　　单位：%

	高锰酸盐指数	COD	NH$_3$-N	TP
I	2.38	2.44	0	0
II	4.76	4.88	0	69.23
III	40.48	29.27	62.5	30.77
IV	50	56.1	33.33	0
V	2.38	7.31	4.17	0

表 8-7　尼尔基水库坝前断面各水质指标取不同等级的单独概率表　　单位：%

	高锰酸盐指数	COD	NH$_3$-N	TP
I	0	0	0	0
II	4.88	0	0	57.69
III	39.02	38.1	66.67	26.92
IV	53.66	61.9	33.33	15.39
V	2.44	0	0	0

从实际情况及相关经验出发，设置其所有水质指标取不同等级的概率服从正态分布，即取等级 I 与等级 V 的概率最小，取等级 II 与等级 IV 的概率较大，而取概率 III 的概率最大，这里采用了[5，20，40，30，5]的取值。

按照贝叶斯网络公式，可以计算如模型中所述的条件概率。

若 A_1，A_2，…构成一个完备事件组，且 $P(A_i) > 0$（i=1，2，…），则对任一事件 B，有

$$P(A_j \mid B) = \frac{P(A_j) P(B \mid A_j)}{\sum_i P(A_i) P(B \mid A_i)} \quad (j=1, 2, \cdots) \qquad (8\text{-}21)$$

根据以上公式，若计算某一节点的贝叶斯概率，那么需要计算所有与该节点连接的节点的条件概率，即在事件 A_j 发生的条件下 B 发生的概率，若两事件为互相独立事件，则 $P(B|A_j) = P(B)$，否则，有

$$P(A \mid B) = \frac{P(AB)}{P(B)} \qquad (8\text{-}22)$$

8.3.2　贝叶斯网络模型模拟结果

不同断面水质指标取不同等级的概率分布情况，根据概率论理论与公式计算在繁荣新村断面各水质指标取不同等级的条件下，上游四个断面取不同等级的条件概率，如表 8-8～表 8-13 所示，并经条件概率输入到贝叶斯网络模型中。得到的模型如图 8-10 所示。

表 8-8　石灰窑–嫩江浮桥断面 COD_{Mn} 排放的条件概率表　　单位：%

	I	II	III	IV	V
I	100	0	0	0	0
II	50	50	0	0	0
III	0	0	100	0	0
IV	0	0	0	100	0
V	0	0	0	0	100

表 8-9　嫩江浮桥–尼尔基水库库末断面 COD_{Mn} 排放的条件概率表　　单位：%

	I	II	III	IV	V
I	0	100	0	0	0
II	0	100	0	0	0
III	0	0	75	25	0
IV	0	0	0	100	0
V	0	0	0	0	100

表 8-10　柳家屯–尼尔基水库库末断面 COD_{Mn} 排放的条件概率表　　单位：%

	I	II	III	IV	V
I	0	66.7	33.3	0	0
II	0	0	100	0	0
III	0	0	0	100	0
IV	0	0	50	50	0
V	0	0	0	0	100

表 8-11　排污口–尼尔基水库库末的 COD_{Mn} 排放的条件概率表　　单位：%

	I	II	III	IV	V
I	0	28.6	42.8	28.6	0
II	0	28.6	42.8	28.6	0
III	0	28.6	42.8	28.6	0
IV	0	28.6	42.8	28.6	0
V	0	28.6	42.8	28.6	0

表 8-12　尼尔基水库库末–尼尔基水库库中的 COD_{Mn} 排放的条件概率表　　单位：%

	I	II	III	IV	V
I	100	0	0	0	0
II	0	0	33	67	0
III	0	0	67	33	0
IV	0	0	100	0	0
V	0	0	0	0	100

表 8-13　尼尔基水库库中-尼尔基水库坝前的 COD_{Mn} 排放的条件概率表　单位：%

	I	II	III	IV	V
I	0	0	0	100	0
II	0	0	0	100	0
III	0	0	76.470 59	23.529 41	0
IV	0	0	5.555 556	94.444 44	0
V	0	0	50	50	0

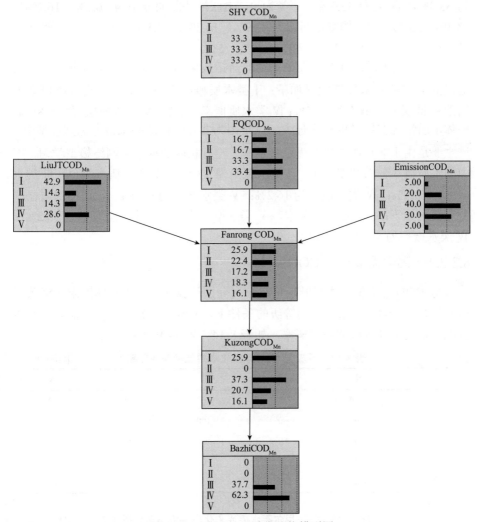

图 8-10　COD_{Mn} 贝叶斯网络模型图

8.3.2.1 高锰酸盐指数（CODMn）

将上述表格输入贝叶斯网络模型中，获得基本的 COD_{Mn} 贝叶斯网络模型，然后对网络进行编制，使网络能够自动计算当尼尔基水库库末的 COD_{Mn} 取不同等级时，上游 4 个断面的 COD_{Mn} 取不同等级时的概率。由图 8-11 所示，当尼尔基水库坝前的 COD_{Mn} 为 I 类的概率为 0，II 类为 0，III 类为 37.7%，IV 类为 62.3%，V 类为 0；上游石灰窑断面的概率 I 类为 0，II 类为 33.3%，III 类为 33.3%，IV 类为 33.3%，V 类为 0；嫩江浮桥断面分别为 16.7%、16.7%、33.3%、33.4%、0，柳家屯断面为 42.9%、14.3%、14.3%、28.6%、0；嫩江县排污口处分别为 5%、20%、40%、30%、5%。

例如，当上游的 4 个断面的高锰酸盐指数全部为 II 类时，贝叶斯网络模型给出的尼尔基库末预警状况如下：I 类水质概率为 17.1%；II 类水质概率为 14.1%；III 类水质概率为 20.3%；IV 类水质概率为 41.7%；V 类水质概率为 6.84%。整体水质情况在 IV 类的概率最大，这是因为非点源排放并未被考虑到模型中，这主要是由于非点源的排放无法被监测，没有相应的样本供网络模型学习。库中的水质概率分布情况如下：I 类水概率为 17.1%；II 类水概率为 0；III 类水概率为 59.9%；IV 类水概率为 16.2%；V 类水概率为 6.84%。坝前的水质概率分布情况如下：I 类水、II 类水、V 类水概率均为 0；III 类水概率为 50.2%；IV 类水概率为 49.8%。

8.3.2.2 化学需氧量（COD）

与 COD_{Mn} 类似，由贝叶斯概率公式分别计算在尼尔基水库库末（繁荣新村断面）的化学需氧量为不同等级的条件下，上游 4 个断面的化学需氧量水质状况分别为不同等级的条件概率，如表 8-14～表 8-19 所示。

表 8-14 石灰窑-嫩江浮桥化学需氧量条件概率表　　　　单位：%

	I	II	III	IV	V
I	100	0	0	0	0
II	0	0	100	0	0
III	0	0	50	50	0
IV	0	0	0	100	0
V	0	0	0	0	100

表 8-15 嫩江浮桥-尼尔基水库库末化学需氧量条件概率表　　　　单位：%

	I	II	III	IV	V
I	100	0	0	0	0
II	100	0	0	0	0

	I	II	III	IV	V
III	0	0	100	0	0
IV	0	0	0	100	0
V	0	0	0	0	100

表 8-16　柳家屯-尼尔基水库库末化学需氧量条件概率表　　单位：%

	I	II	III	IV	V
I	50	0	50	0	0
II	100	0	0	0	0
III	0	0	0	100	0
IV	50	0	0	50	0
V	0	0	0	0	100

表 8-17　排污口-尼尔基水库库末化学需氧量条件概率表　　单位：%

	I	II	III	IV	V
I	33.33	16.67	16.67	33.33	0
II	33.33	16.67	16.67	33.33	0
III	33.33	16.67	16.67	33.33	0
IV	33.33	16.67	16.67	33.33	0
V	33.33	16.67	16.67	33.33	0

表 8-18　尼尔基水库库末-尼尔基水库库中化学需氧量条件概率表　　单位：%

	I	II	III	IV	V
I	0	0	50	50	0
II	0	0	33	67	0
III	0	0	0	100	0
IV	0	0	87.5	12.5	0
V	0	0	0	0	100

表 8-19　尼尔基水库库中-尼尔基水库坝前化学需氧量条件概率表　　单位：%

	I	II	III	IV	V
I	0	0	100	0	0
II	0	50	0	50	0
III	0	0	91.67	8.33	0
IV	0	0	17.39	78.26	4.35
V	0	33	33	34	0

　　将上述表格输入贝叶斯网络模型，获得基本的 COD 贝叶斯网络模型，然后对网络进行编制，使网络能够自动计算尼尔基库末（繁荣新村断面）COD 取不同等级时，上游 4 个空间因素的 COD 取不同等级时的概率，如图 8-11 所示。

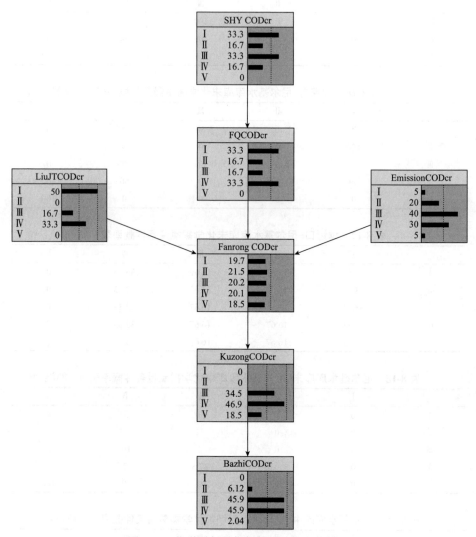

图 8-11　化学需氧量指标的贝叶斯网络模型

8.3.2.3　氨氮

按照表 8-14～表 8-19 中的水质为不同类型的独立事件概率，由贝叶斯概率公式计算在尼尔基水库库末（繁荣新村断面）的氨氮为不同等级时，上游 4 个监测断面的氨氮浓度为Ⅰ～Ⅴ类水的条件概率，如表 8-20～表 8-25 所示。

表 8-20　石灰窑–嫩江浮桥氨氮浓度条件概率表　　　　单位：%

	Ⅰ	Ⅱ	Ⅲ	Ⅳ	Ⅴ
Ⅰ	100	0	0	0	0
Ⅱ	0	80	20	0	0
Ⅲ	0	0	100	0	0
Ⅳ	0	0	0	100	0
Ⅴ	0	0	0	0	100

表 8-21　嫩江浮桥–尼尔基水库库末氨氮浓度条件概率表　单位：%

	Ⅰ	Ⅱ	Ⅲ	Ⅳ	Ⅴ
Ⅰ	100	0	0	0	0
Ⅱ	0	50	50	0	0
Ⅲ	0	33.3	66.7	0	0
Ⅳ	0	0	0	100	0
Ⅴ	0	0	0	0	100

表 8-22　柳家屯–尼尔基水库库末氨氮浓度条件概率表　　单位：%

	Ⅰ	Ⅱ	Ⅲ	Ⅳ	Ⅴ
Ⅰ	0	100	0	0	0
Ⅱ	0	0	100	0	0
Ⅲ	0	0	100	0	0
Ⅳ	0	0	0	100	0
Ⅴ	0	0	0	0	100

表 8-23　嫩江排污口–尼尔基水库库末氨氮浓度条件概率表　　单位：%

	Ⅰ	Ⅱ	Ⅲ	Ⅳ	Ⅴ
Ⅰ	0	42.86	57.14	0	0
Ⅱ	0	42.86	57.14	0	0
Ⅲ	0	42.86	57.14	0	0
Ⅳ	0	42.86	57.14	0	0
Ⅴ	0	42.86	57.14	0	0

表 8-24　尼尔基水库库末–尼尔基水库库中氨氮浓度条件概率表　　单位：%

	Ⅰ	Ⅱ	Ⅲ	Ⅳ	Ⅴ
Ⅰ	100	0	0	0	0
Ⅱ	0	100	0	0	0
Ⅲ	0	0	85.714 29	14.285 71	0
Ⅳ	0	0	55.555 56	44.444 44	0
Ⅴ	0	0	50	37.5	12.5

表 8-25　尼尔基水库库中−尼尔基水库坝前氨氮浓度条件概率表　　　单位：%

	I	II	III	IV	V
I	100	0	0	0	0
II	0	100	0	0	0
III	0	0	80	20	0
IV	0	0	37.5	62.5	0
V	0	0	0	0	100

　　将上述表格输入贝叶斯网络模型，获得基本的氨氮贝叶斯网络模型，然后对网络进行编制，使网络能够自动计算尼尔基水库库末（繁荣新村断面）氨氮取不同等级时，上游 4 个断面的氨氮为不同等级的概率，如图 8-12 所示。

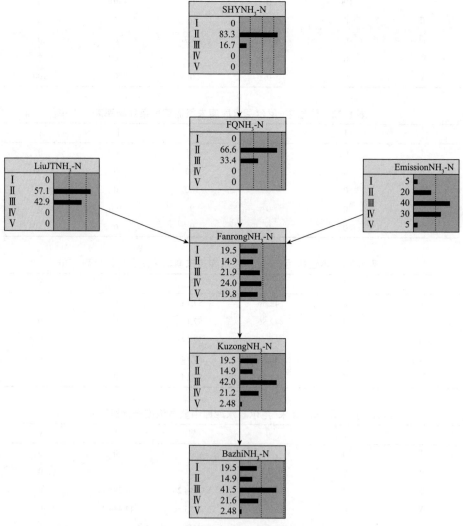

图 8-12　氨氮指标的贝叶斯网络模型

如图 8-12 所示，在尼尔基水库库末（繁荣新村断面）的氨氮水质为Ⅰ～Ⅴ类的概率分别为 19.5%、14.9%、21.9%、24%、19.8%的情况下，上游来水（石灰窑断面）的水质状况是Ⅰ类水的概率为 83.3%，Ⅱ类水的概率为 16.7%，Ⅲ～Ⅴ类水的概率均为 0；上游支流汇入（嫩江浮桥断面）的水质概率情况是Ⅰ类水为 0，Ⅱ类水为 66.6%，Ⅲ类水为 33.4%，Ⅳ类、Ⅴ类水均为 0；甘河汇入（柳家屯断面）的氨氮水质概率分布为Ⅰ类水 0，Ⅱ类水 57.1%，Ⅲ类水 42.9%，Ⅳ类、Ⅴ类水均为 0。而当上游的 4 个监测断面的氨氮水质为Ⅱ类水水质时，尼尔基水库库末（繁荣新村断面）的氨氮水质分布情况是Ⅰ类水水质概率为 25.9%，Ⅱ类水的水质概率为 18.6%，Ⅲ类水为 29%，Ⅳ类水为 5.94%，Ⅴ类水为 20.5%；库中断面的氨氮水质状况类别概率分布情况是Ⅰ类水概率为 25.9%，Ⅱ类水概率为 18.6%，Ⅲ类水概率为 38.4%，Ⅳ类水概率为 14.5%，Ⅴ类水概率为 2.56%；库末断面中Ⅰ类水概率为 25.9%，Ⅱ类水概率为 18.6%，Ⅲ类水概率为 36.2，Ⅳ类水概率为 16.7，Ⅴ类水概率为 2.56%。以此类推，可以依据贝叶斯网络模型，通过检测上游水质，对下游水质进行预警。

8.3.2.4 总磷（TP）

按照表 8-20～表 8-25 中不同类型的独立事件概率，由贝叶斯概率公式计算出当尼尔基水库库末（繁荣新村断面）的总磷分别为不同等级时，上游 4 个监测断面的总磷浓度为不同等级的条件概率，如表 8-26～表 8-31 所示。

表 8-26　石灰窑-嫩江浮桥总磷浓度条件概率表　　单位：%

	Ⅰ	Ⅱ	Ⅲ	Ⅳ	Ⅴ
Ⅰ	100	0	0	0	0
Ⅱ	0	100	0	0	0
Ⅲ	0	0	100	0	0
Ⅳ	0	0	0	100	0
Ⅴ	0	0	0	0	100

表 8-27　嫩江浮桥-尼尔基水库库末总磷浓度条件概率表　　单位：%

	Ⅰ	Ⅱ	Ⅲ	Ⅳ	Ⅴ
Ⅰ	0	100	0	0	0
Ⅱ	0	100	0	0	0
Ⅲ	0	100	0	0	0
Ⅳ	0	100	0	0	0
Ⅴ	0	100	0	0	0

表 8-28　柳家屯-尼尔基水库库末总磷浓度条件概率表　单位：%

	I	II	III	IV	V
I	0	100	0	0	0
II	0	100	0	0	0
III	0	100	0	0	0
IV	0	100	0	0	0
V	0	100	0	0	0

表 8-29　嫩江排污口-尼尔基水库库末总磷条件概率表　单位：%

	I	II	III	IV	V
I	0	100	0	0	0
II	0	100	0	0	0
III	0	100	0	0	0
IV	0	100	0	0	0
V	0	100	0	0	0

表 8-30　尼尔基水库库末-尼尔基水库库中总磷条件概率表　单位：%

	I	II	III	IV	V
I	100	0	0	0	0
II	0	100	0	0	0
III	0	64.285 71	35.714 29	0	0
IV	0	25	75	0	0
V	0	0	0	0	100

表 8-31　尼尔基水库库中-尼尔基水库坝前总磷条件概率表　单位：%

	I	II	III	IV	V
I	100	0	0	0	0
II	0	66.7	33.3	0	0
III	0	37.5	12.5	50	0
IV	0	0	0	100	0
V	0	0	0	0	100

　　将上述表格输入贝叶斯网络模型，获得基本的总磷贝叶斯网络模型，然后对网络进行编制，使网络能够自动计算在尼尔基水库库末（繁荣新村断面）总磷取不同等级时，上游 4 个断面的总磷取不同等级时的概率，如图 8-13 所示。

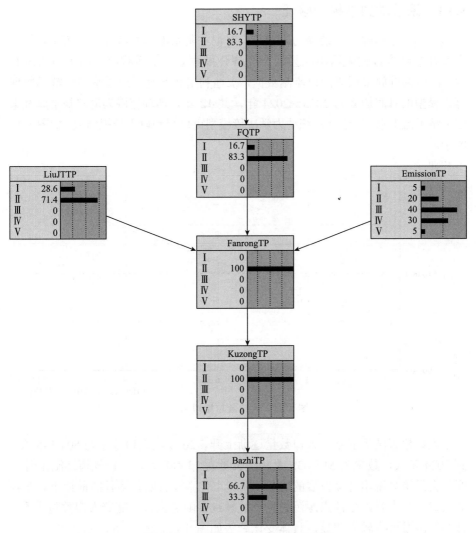

图 8-13　总磷指标的贝叶斯网络模型

概率为 100% 的原因为样本空间中该断面所有的总磷状况都为 Ⅱ 类水，以上误差可以通过后期增加采样数据扩充样本进行修正。尼尔基水库库中水质状况为 Ⅱ 类水的概率是 100%，尼尔基水库坝前水质状况为 Ⅱ 类水的概率是 66.7%，为 Ⅲ 类水的概率是 33.3%。

8.4　嫩江流域示范区水生态风险预警与决策

8.4.1　系统动力学模型验证

将相关数据输入系统动力学模型，对尼尔基水库水质状况进行模拟，其中模型社会经济数据采用嫩江县社会经济公报数据，水质状况采用水质监测数据，污染物排放采用排污口监测数据，土地利用状况则采用遥感图片解译数据等。模型的时间边界为2013～2024年，共12年，地理范围为尼尔基水库及嫩江上游干流汇水区，运行系统动力学决策模型可以得到以下模拟结果。如图8-14所示。

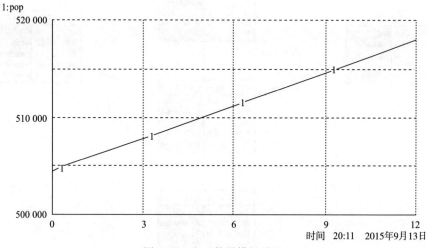

图8-14　人口数量模拟结果

人口模拟结果显示，人口数量逐渐上升，2013年人口数量为504 345人，到2024年人口数量为517 833人，增长量为13 488人，人口规模逐渐上升说明社会经济呈现出逐渐发展的趋势，在城市化率没有明显增长的前提下，非农业人口总量上升，生活点源污染物排放量也会随之上升，随着人口数量上升，社会经济发展也较为明显，具体变化趋势如图8-15、图8-16所示。

如图8-15与图8-16所示，GDP总量呈现平稳上升的趋势，在2013～2016年增速减慢，之后增速逐渐加快，到2024年，能够实现GDP总量343亿元。嫩江县主要的支柱产业为农业，其中，2013年农业GDP在整个GDP中所占的比重较大，整体接近于1，总量为64亿元，而随着社会经济发展，农业GDP在GDP中所占的比重逐渐下降，到2024年，占整个GDP的21%，总量达到73.5亿元。

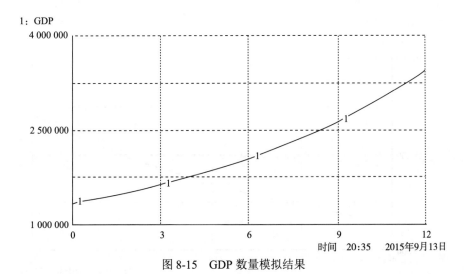

图 8-15 GDP 数量模拟结果

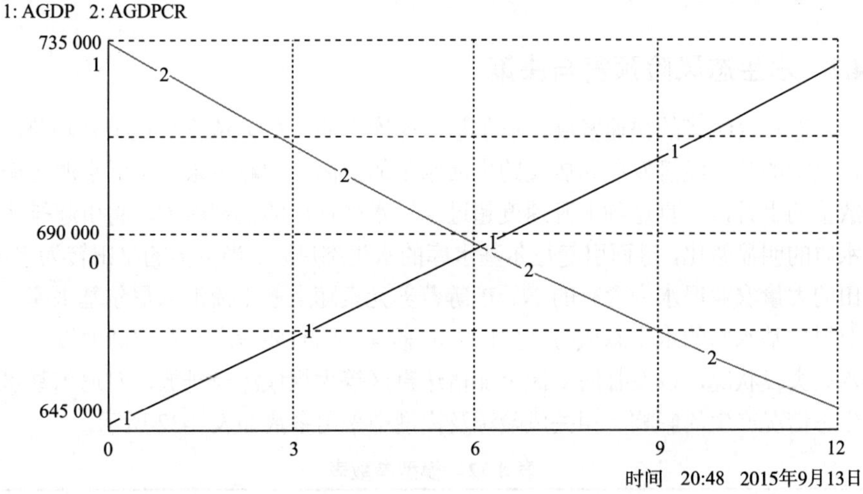

图 8-16 农业 GDP 及农业 GDP 占比模拟结果

根据模拟结果可以看到随着社会经济的发展，尼尔基水库的污染物浓度也呈现缓慢上升的趋势，COD 浓度从 14mg/L 逐渐上升到 16mg/L，如图 8-17 所示，而氨氮浓度在 0.5mg/L 左右，总氮浓度为 1.6mg/L，总磷浓度为 0.07mg/L，按照 2014 年繁荣新村断面的监测数据，高锰酸盐指数为 5.68mg/L，按照 COD 为高锰酸盐指数 3 倍左右计算，COD 浓度应为 16.8mg/L，氨氮浓度为 0.66mg/L，总氮浓度为 1.8mg/L，总磷浓度为 0.09mg/L，对比模拟结果与实际检测值，可以看到模型的模拟结果较为准确。

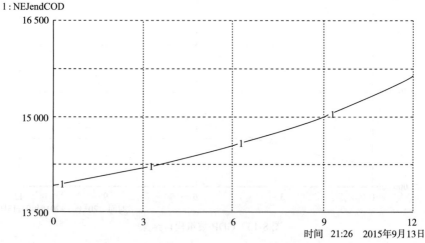

图 8-17　尼尔基水库库末 COD 浓度模拟结果

8.4.2　水生态风险预警与决策

随着社会经济的快速发展，尼尔基水库库末的 COD 浓度呈现上升趋势。但是，上游的社会经济发展和居民的生活水平的提高，同时带来了生活点源污染物排放量的上升，一旦这种上升速度超过了污水处理厂的处理能力，将引起排污口处水质的明显恶化，进而引起尼尔基水库的水生态风险。当更多的旱田转为水田，水田的大量农业退水中含有的 N、P 等营养元素随上游干流汇入尼尔基水库，势必对尼尔基水库的水生态风险产生巨大的影响。同时要考虑石灰窑断面以上干流的水质突发状况，以及甘河支流上加格达奇区等大规模污染排放，对尼尔基水库水生态情况产生的影响。相关风险源及模型中采用参数如表 8-32 所示。

表 8-32　模型参数表

风险源	方案	人口规模/人	工业增加值/万元	上游来水 COD/（mg/m³）	甘河来水浓度/（mg/m³）	水田面积/hm²
生活排放	方案 0	1 008 690	215 009	19 720	10 920	887
工业排放	方案 1	504 345	430 018	19 720	10 920	887
上游干流来水	方案 2	504 345	215 009	40 000	10 920	887
甘河汇入水质	方案 3	504 345	215 009	19 720	40 000	887
水田面积调整	方案 4	504 345	215 009	19 720	10 920	272 790

生活排放风险源：考虑嫩江县污水处理厂处理生活污水的能力保持现状，人口规模达到现状的两倍，初始人口为 1 008 690 人，模拟社会经济发展对嫩江干流水质的影响，进而对尼尔基水库水生态风险进行预警。

工业排放风险源：考虑嫩江县工业排放水平不变，即单位增加值 COD 排放量不变，工业 GDP 水平达到现有水平的两倍，为 430 018 万元，模拟经济结构变化对嫩江干流水质的影响，进而对尼尔基水库的水生态风险状况进行预警。

上游干流来水风险源：考虑系统外输入的影响，即上游来水水质出现较大波动，对嫩江干流水质产生冲击，上游来水水质状况达到目前两倍以上，为 40 000mg/m³，进而对尼尔基水库的水生态风险进行预警。

甘河汇入水质风险源：考虑系统外输入的影响及甘河汇入水质出现较大波动，对嫩江干流水质产生冲击，甘河水质状况达到 V 类水，为 40 000mg/m³，进而对尼尔基水库的水生态风险进行预警。

水田面积调整风险源：考虑嫩江干流汇水区域尼尔基水库汇水区内的水田面积，随着大量农田退水进入上游干流，进而对尼尔基水库水生态状况产生冲击，旱田面积全部转为水田面积，即水田面积为 272 790hm²，进而对尼尔基水库的水生态风险进行预警。

将以上参数输入模型中可以看到不同风险源对嫩江干流水质的影响情况。如图 8-18～图 8-22 所示。

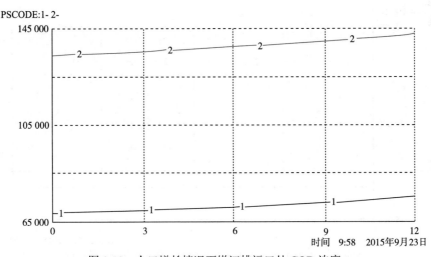

图 8-18　人口增长情况下嫩江排污口处 COD 浓度

PSCODE: 1- 2-

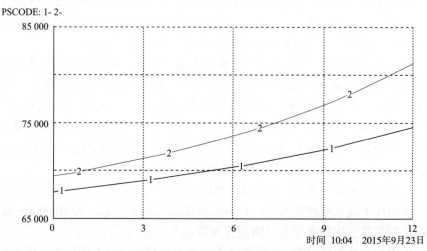

图 8-19　工业增加值增长情况下排污口处 COD 浓度

由图 8-18、图 8-19 可以看出，COD 点源排放部分影响较大的是生活点源排放，工业源排放影响不及生活源明显，可以看到图 8-19 中 2 号线呈现明显上升的趋势，由于嫩江县工业基础薄弱，因此当其初始值为现状两倍的情况下，其工业排污量依旧不大。

CODUT: 1- 2-

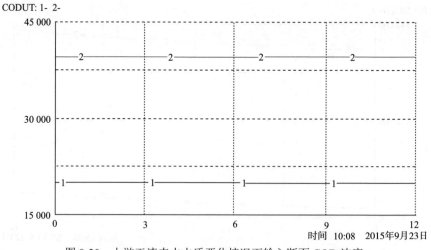

图 8-20　上游干流来水水质恶化情况下输入断面 COD 浓度

CODLJT: 1- 2-

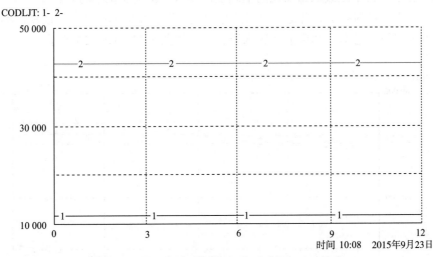

图 8-21　甘河水质恶化情况下汇入断面 COD 浓度

由于上游来水与甘河汇入的水质状况属于系统外输入，因此其变化对于相应断面的水质影响是线性直接的，如图 8-20、图 8-21 所示，用以模拟在上游或支流汇入水质达到 V 类水的情况下，尼尔基水库的水质状况及其水生态风险状况。

NEJendCOD: 1- 2-

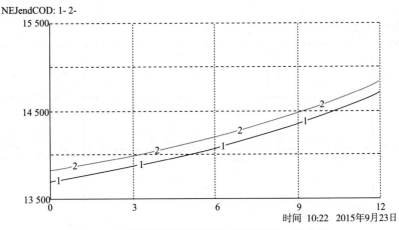

图 8-22　水田面积增长情况下入库断面 COD 浓度值

由图 8-22 可以看到，当研究区内旱田面积转变为水田面积之后，尼尔基水库入库断面的水质浓度上升的趋势，主要由于地表降水与径流的汇入使旱田水体的非点源污染的输出系数与水田退水的污染物排放量差异较小，加之农田面积有限，在不更改农田面积的基础上，其水质状况变化不明显。

同理，针对氨氮、总氮、总磷的排放量，设置相应的参数，可以获得不同断面的氨氮、总氮、总磷的相应水质状况。如图 8-23～图 8-25 所示。

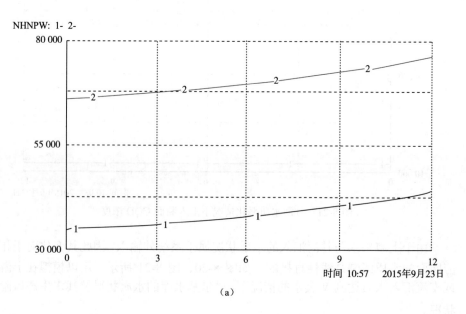

（a）

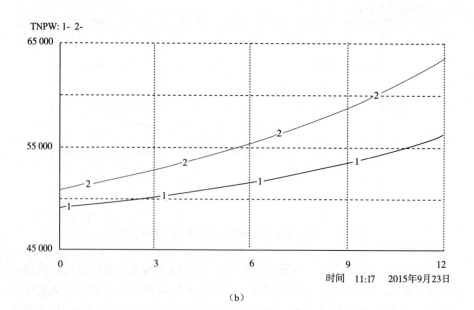

（b）

NHNUT: 1- 2-

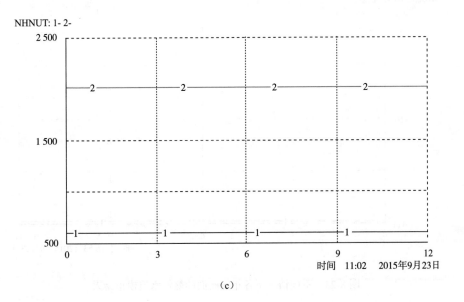

（c）

NHNLJT: 1- 2-

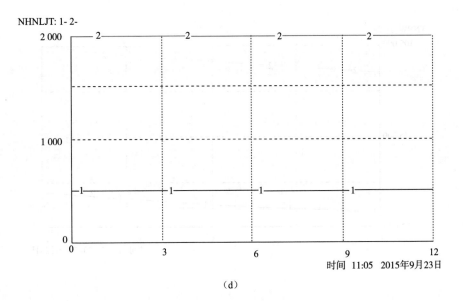

（d）

NEJendNHN：1- 2-

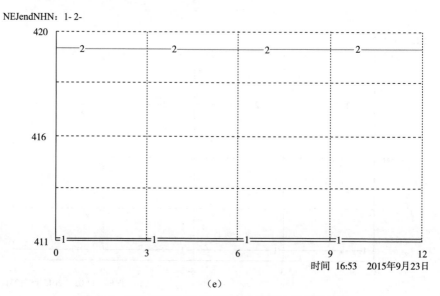

（e）

图 8-23　不同情况下各相应断面的氨氮水质模拟结果

TNPW: 1- 2-

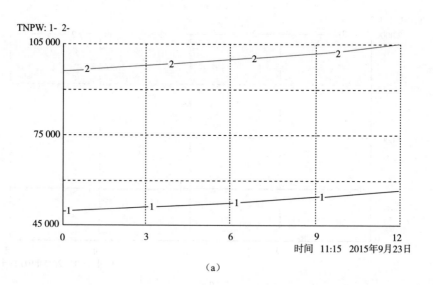

（a）

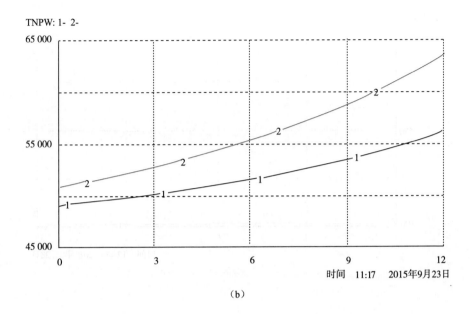

（b）

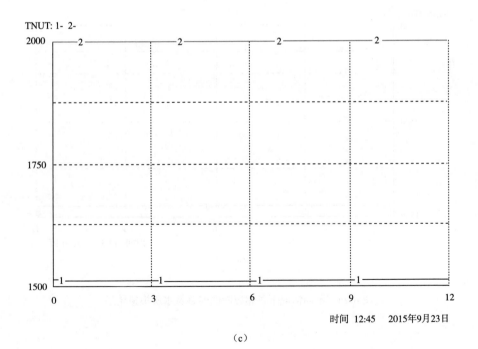

（c）

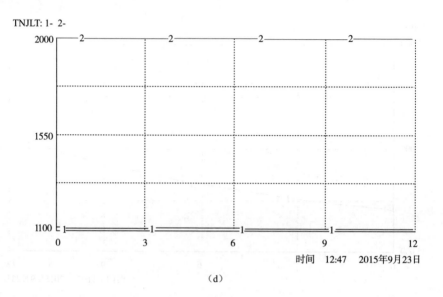

（d）

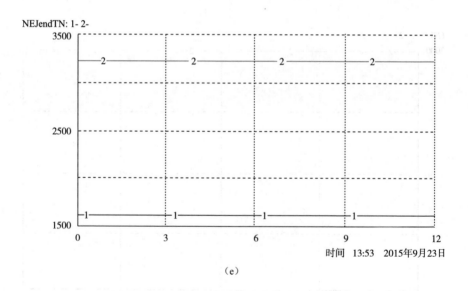

（e）

图 8-24　不同情况下各相应断面的总氮水质模拟结果

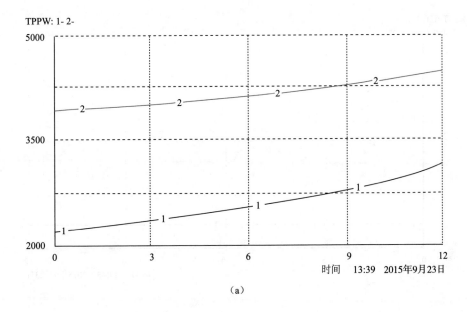

（a）

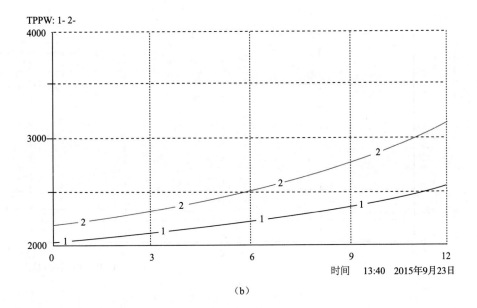

（b）

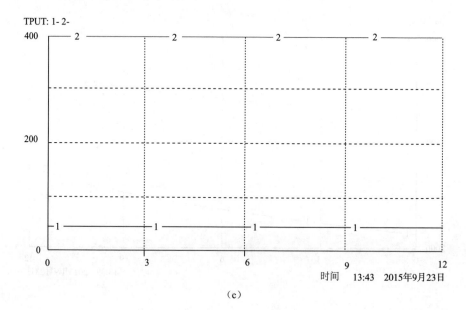

（c）

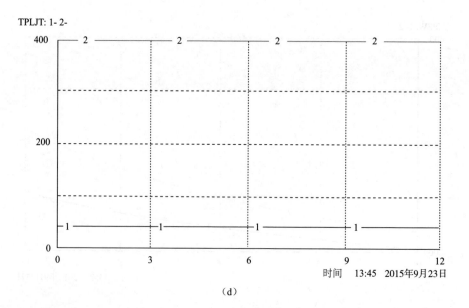

（d）

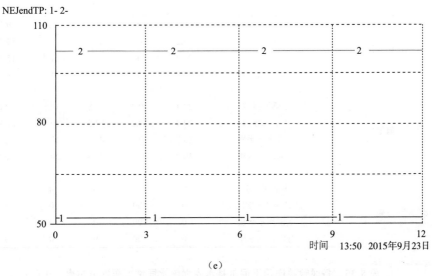

（e）

图 8-25　不同方案下各相应断面总磷水质模拟结果

根据以上模拟结果，可以确定不同风险源引起的上游干流来水、干流沿江排污及甘河汇入点的水质变化情况，并认为 BOD_5、高锰酸盐指数与 COD 的变化趋势一致，氨氮与总氮变化趋势一致。

将以上参数输入基于贝叶斯网络的上游水质与下游水质关系模型，可以得到不同风险源作用下，尼尔基水库高锰酸盐指数、氨氮、总磷的水质情况，如表 8-33～表 8-35 所示。

表 8-33　各风险源作用下尼尔基水库库末水质情况概率分布表　　　单位：%

		I	II	III	IV	V
高锰酸盐指数	生活源排放	22.2	24	18	16.6	19.3
	工业源排放	22.2	24	18	16.6	19.3
	上游来水水质	25.4	25.1	14.7	19.6	15.1
	甘河汇入水质	27.8	23.2	17.4	12.7	18.9
氨氮	生活源排放	24.4	20.2	13.2	25.3	16.8
	工业源排放	24.4	20.2	13.2	25.3	16.8
	上游来水水质	19.7	19.4	27.7	15.2	18
	甘河汇入水质	19.2	16.7	24.6	26.8	12.7
总磷	生活源排放	0	100	0	0	0
	工业源排放	0	100	0	0	0
	上游来水水质	0	100	0	0	0
	甘河汇入水质	0	100	0	0	0

表 8-34　各风险源作用下尼尔基水库库中水质情况概率分布表　　单位：%

		Ⅰ	Ⅱ	Ⅲ	Ⅳ	Ⅴ
高锰酸盐指数	生活源排放	22.2	0	36.5	22	19.3
	工业源排放	22.2	0	36.5	22	19.3
	上游来水水质	25.4	0	37.8	21.7	15.1
	甘河汇入水质	27.8	0	32	21.3	18.9
氨氮	生活源排放	24.4	20.2	33.8	19.5	2.11
	工业源排放	24.4	20.2	33.8	19.5	2.11
	上游来水水质	19.7	19.4	41.2	17.5	2.25
	甘河汇入水质	19.2	16.7	42.3	20.2	1.59
总磷	生活源排放	0	100	0	0	0
	工业源排放	0	100	0	0	0
	上游来水水质	0	100	0	0	0
	甘河汇入水质	0	100	0	0	0

表 8-35　各风险源作用下尼尔基水库坝前水质情况概率分布表　　单位：%

		Ⅰ	Ⅱ	Ⅲ	Ⅳ	Ⅴ
高锰酸盐指数	生活源排放	0	0	38.8	61.2	0
	工业源排放	0	0	38.8	61.2	0
	上游来水水质	0	0	37.7	62.3	0
	甘河汇入水质	0	0	35.1	64.9	0
氨氮	生活源排放	24.4	20.2	34.3	18.9	2.11
	工业源排放	24.4	20.2	34.3	18.9	2.11
	上游来水水质	19.7	19.4	41.2	17.5	2.25
	甘河汇入水质	19.2	16.7	41.4	21.1	1.59
总磷	生活源排放	0	66.7	33.3	0	0
	工业源排放	0	66.7	33.3	0	0
	上游来水水质	0	66.7	33.3	0	0
	甘河汇入水质	0	66.7	33.3	0	0

　　由表可知，当生活源排放为主要风险源时，尼尔基水库库末水质最可能的概率分布情况是 COD_{Mn} 水质为Ⅱ类水、氨氮为Ⅳ类水、总磷为Ⅱ类水的概率最高；工业源排放成为主要风险源时，其水质情况分布是 COD_{Mn} 水质为Ⅱ类水、氨氮为Ⅳ类水、总磷为Ⅱ类水的概率最高；当上游来水水质变化为主要风险源时，水库水质的分布情况是 COD_{Mn} 水质为Ⅰ类水、氨氮为Ⅲ类水、总磷为Ⅱ类水的概率为最高；在甘河汇入水质为主要风险源时，水库水质的分布情况是 COD_{Mn} 水质为Ⅰ类水、氨氮为Ⅳ类水、总磷为Ⅱ类水的概率为最高。而

在尼尔基水库库中断面上，生活源影响下，概率最高的水质状况是 COD_{Mn} 为Ⅲ类水，氨氮为Ⅲ类水，总磷为Ⅱ类水；工业污染源的影响下，水质状况与生活源相同；而在上游来水为主要污染源的状况下，水质状况是 COD_{Mn} 为Ⅲ类水、氨氮为Ⅲ类水、总磷为Ⅱ类水的概率最高；干河汇入状况与上游来水一致。而在尼尔基水库库末，水质状况是 COD_{Mn} 为Ⅳ类水、氨氮为Ⅲ类水、总磷为Ⅱ类水的概率最高。

同时，由系统动力学模型对非点源模拟情况可以知道，在耕地面积不变的情况下，所有旱田改为水田，所引起的尼尔基水库水质变化情况是 COD_{Mn} 为Ⅱ类水、氨氮为Ⅱ类水、总氮为Ⅴ类水、总磷为Ⅴ类水。

将以上 4 个风险源影响下的水质情况带入之前的尼尔基水库水生态风险评估指标体系，计算 4 个风险源下的尼尔基水库水生态风险发生的等级与概率。按照最大概率计算，当人口数量上升，生活污水排放成为主要的风险源时，COD_{Mn} 为Ⅰ类水、氨氮为Ⅳ类水、总磷为Ⅱ类水，其最终的生态风险指数为0.3864，当前情况水生态风险有明显上升，评价等级为轻度风险，发生概率为6.1%，有发生生态风险的可能性。同样，由于工业生产扩大造成的工业废水排放增大产生的水生态风险状况与生活源一致，其最终的生态风险指数为0.3864，发生概率为6.1%。上游来水水质变化成为主要风险源的概率分布状况与之前两种情况相同，其最终生态风险指数同样为0.3864，但是其发生概率更大，达到10.5%。甘河汇入水质风险为轻度风险，发生概率为6.8%。而旱田变为水田的情况下，COD_{Mn} 水质为Ⅲ类水，总磷、总氮水质均为Ⅴ类水，经过计算其水生态风险为 0.427，介于轻度风险与中度风险之间，较其他风险源的水生态风险因子上升明显，说明旱田变为水田对尼尔基水库水生态风险具有较大影响。

尼尔基水库库中的水质状况在主要风险源为生活源时，概率最大的水质状况是 COD_{Mn} 为Ⅲ类水、氨氮为Ⅲ类水、总磷为Ⅲ类水、其最终的生态风险指数为 0.607，仍为中度风险，发生概率为12.3%，其较 2014 年现状值小的原因在于之前假设氨氮与总氮变化趋势一致，未来可采用上游监测断面的多期总氮数据对贝叶斯网络进行修正，会得到更好的效果。工业排放源为主要风险源时，其水生态风险等级与发生概率与生活源状况相同。当上游来水水质突变成为主要风险源时，其水生态风险指数仍为 0.607，中度风险等级，但是发生概率有较大上升，达到15.6%。干河汇入水质突变状况为主要风险源时，水生态等级为中度风险，发生概率为13.5。

尼尔基水库坝前的水质状况在主要风险源为生活源时，按照概率最大的水质状况计算，其最终的生态风险指数为 0.504，为中度风险，较 2014 年现状值有较大上升，发生概率为14%。工业排放源为主要风险源的情况下，水生态风险等级为中度风险，发生概率为14%。当上游来水水质突变为主要风险源时，其生态风险指数为 0.504，为中度风险，但是发生生态风险的概率更大，达到17.12%。甘河汇入水质突变为主要风险源时，其生态风险等级为中等风险，发生生态风险的概率为17.9%。在尼尔基水库库末、库中可以看到上游来水水质波动的风险最大，而在尼尔基水库坝前则主要为甘河汇入发生生态风险的概率最大。

对尼尔基水库水生态风险具有较大影响的风险源主要为上游来水、沿江排放、甘河汇入及上游的土地利用变化情况。针对以上的风险源状况，采用如下的策略进行控制。

通过控制人均污染物排放量，在保证人口规模的前提下，控制沿江点源排放中的生活源排放，降低生活污染源排放所引起的尼尔基水库水生态风险；降低工业增长中的工业排放，在保证工业持续增长的前提下，通过技术升级、节能减排减少沿江点源排放所引起的尼尔基水库水生态风险；通过监控上游来水与甘河汇入的水质，降低通过上游来水与支流汇入进入尼尔基水库的污染物的量；通过旱田水田的限量转换，降低非点源污染情况，同时控制农田中化肥与农药的施用量，进而避免农药与化肥的过量施用引起过量残余农药与化肥通过地表径流进入水体。具体参数可根据表 8-36 进行调整。

表 8-36 模型参数表

控制污染源	策略	人均 COD 排放/[mg/(人·年)]	单位工业增加值COD 排放/(mg/万元)	上游来水浓度/（mg/m³）	甘河来水浓度/（mg/m³）	水田面积/hm²
控制生活源	策略 0	4.00×10^7	2.12×10^7	19 720	10 920	272 790
控制工业源	策略 1	9.56×10^7	1.00×10^7	19 720	10 920	272 790
控制上游来水	策略 2	9.56×10^7	2.12×10^7	10 000	10 920	272 790
控制甘河汇入	策略 3	9.56×10^7	2.12×10^7	19 720	10 000	272 790
调整土地利用	策略 4	9.56×10^7	2.12×10^7	19 720	10 920	100 000

氨氮、总氮、总磷的相关参数也按照以上 COD 计算的参数进行调整，再进行方案决策，相关的模拟结果如图 8-26～图 8-30 所示。

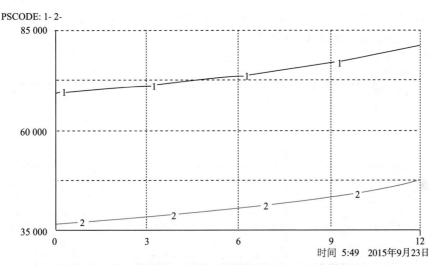

图 8-26 控制生活源 COD 排放策略排污口 COD 浓度模拟结果

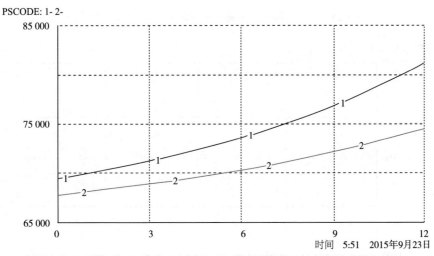

图 8-27 控制工业源 COD 排放策略下尼尔基水库库末 COD 浓度模拟结果

图 8-26 中，1 号线为不采用任何控制策略的情况下，嫩江排污口处的 COD 浓度变化情况，2 号线为控制生活污染源排放的策略下，嫩江排污口处的 COD 浓度的模拟结果。COD 污染的主要来源应为生活污染的点源排放，当城镇排放量下降到 40kg/（人·a）时，排污口处 COD 浓度下降为 50%，是较为有效

的控制 COD 浓度的策略，水质状况从劣 V 类提高到 Ⅳ 类。而图 8-27 中，1
号线为不采取任何策略情况下，尼尔基水库库末 COD 浓度模拟结果，2 号线
为控制工业源 COD 排放策略下尼尔基水库库末 COD 浓度模拟的结果，当万元
工业增加值 COD 排放量下降到 10kg/万元的情况下，排污口处 COD 浓度的值
为 67～75mg/L，水质状况仍然较差。

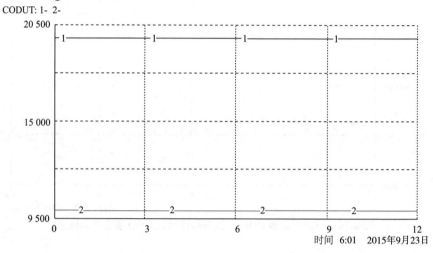

图 8-28　控制上游来水策略下上游来水 COD 浓度模拟结果

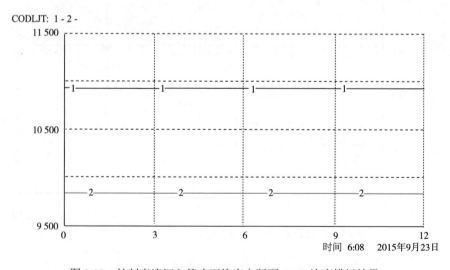

图 8-29　控制直流汇入策略下柳家屯断面 COD 浓度模拟结果

　　图 8-28 中 1 号线为不采取任何策略情况下，柳家屯断面 COD 浓度模拟结
果，2 号线为严格控制上游来水水质在 10mg/L 的 COD 浓度变化的结果。而图

8-29 中 1 号线为控制甘河汇入策略下柳家屯断面的 COD 浓度模拟结果，2 号线为严格控制甘河汇入水质在 10mg/L 的策略下，柳家屯断面的水质情况。

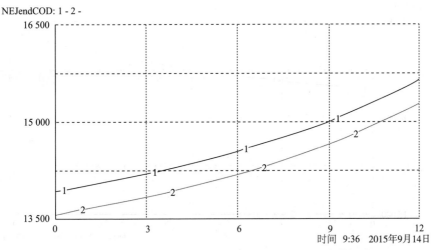

图 8-30　调整土地利用策略下尼尔基水库库末 COD 浓度模拟结果

　　图 8-30 为调整土地利用策略下尼尔基水库库末 COD 浓度模拟结果，1 号线为不采取任何策略的模拟结果，2 号线为水田面积调整后的模拟结果，其模拟结果小于政策实际实施情况下的浓度值，通过调整土地利用情况，对控制 COD 的浓度有一定效果，但是并不显著，其变化范围为 13.5～15.5mg/L，并不能有效避免入库水质达到Ⅲ类水。

　　因此就 COD 的控制而言，最为有效的方法是控制嫩江县污水处理厂的排放量，降低生活源中 COD 污染物的浓度，其次为控制甘河汇入，由于甘河汇入口距离尼尔基库区较近，且其流量较大，加之嫩江干流上游流速较快，若不对甘河加以控制，大量的甘河上游污染物在不经过降解的前提下直接汇入库区，对尼尔基水库的水生态风险具有较大影响。

　　由图 8-31 可以看到不同策略下各相应断面氨氮浓度模拟结果状况，其中，按照控制生活点源排放的策略下，嫩江排污口氨氮浓度为 15mg/L，为Ⅴ类水水质；控制工业点源排放的策略下，嫩江排污口氨氮浓度为 34mg/L，为Ⅴ类水水质；严格控制上游来水水质策略下，石灰窑断面的水质为 0.1mg/L；严格控制甘河汇入来水水质策略下，柳家屯断面的水质为 0.1mg/L。而由图 8-32 可知，在限制水田面积策略下，尼尔基水库的氨氮浓度为 0.4075mg/L，为Ⅱ类水水质。

NHNPW: 1- 2-

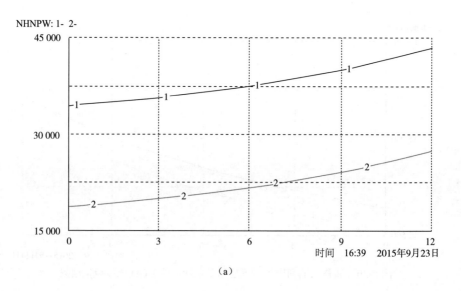

（a）

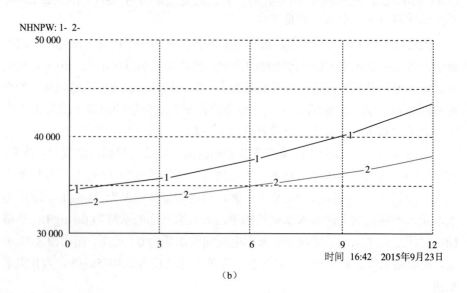

（b）

NHNUT: 1- 2-

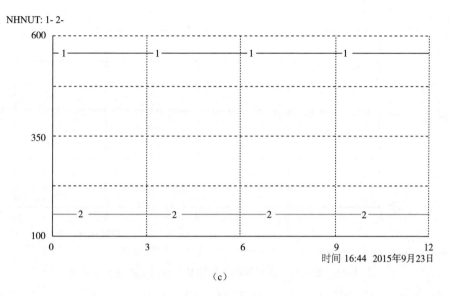

（c）

NHNLJT: 1- 2-

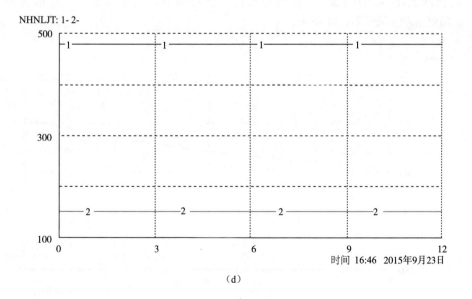

（d）

图 8-31　不同策略下各相应断面氨氮浓度模拟结果

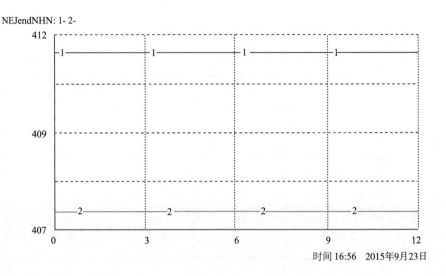

NEJendNHN: 1- 2-

图 8-32 限制水田面积策略下尼尔基水库氨氮浓度模拟结果

从图 8-33 中可以看到，总磷浓度的最优策略与总氮状况一致，控制生活源排放情况下，嫩江排污口水质为 1.5mg/L；控制工业源排放情况下，嫩江排污口水质为 2mg/L；在控制上游来水与甘河汇入策略下，石灰窑断面与柳家屯断面水质均为 0.02mg/L；在调整水田面积策略下，尼尔基水库总磷浓度为 0.0485mg/L，如图 8-34 所示。

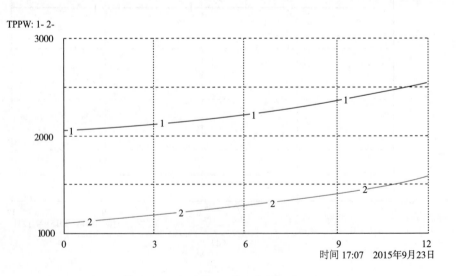

TPPW: 1- 2-

(a)

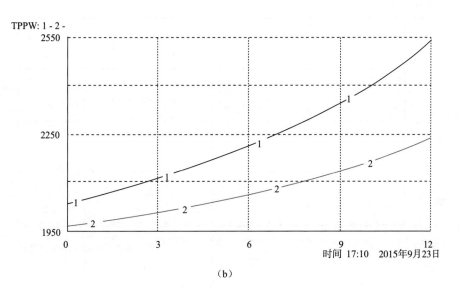

（b）

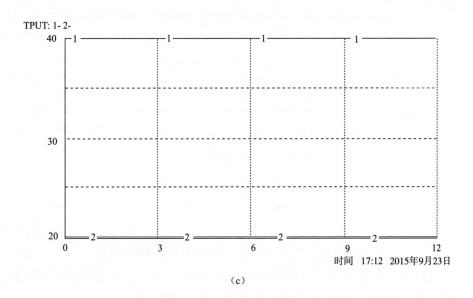

（c）

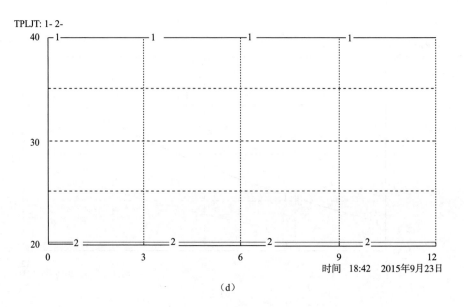

（d）

图 8-33　不同策略下各相应断面总磷浓度模拟结果

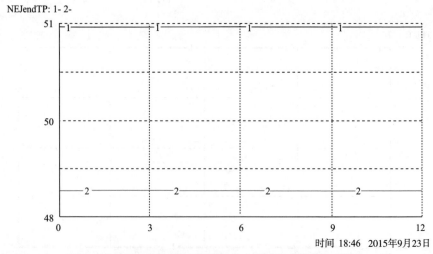

图 8-34　限制水田策略下尼尔基水库总磷浓度模拟结果

　　将以上结果代入基于贝叶斯网络的上游水质与下游水质关系模型，可以获知尼尔基水库的水质状况的概率分布情况，如表 8-37 所示。

表 8-37　各策略下尼尔基水库水质情况概率分布表　　　单位：%

		I	II	III	IV	V
COD	生活源排放	25.5	22.1	18.7	15.6	0
	工业源排放	25.5	22.1	18.7	15.6	0
	上游来水水质	35.4	12.8	18.1	19.9	13.8
	甘河汇入水质	29.9	20.8	15.4	18.1	15.7
氨氮	生活源排放	23.1	25.7	20	11.9	19.3
	工业源排放	23.1	25.7	20	11.9	19.3
	上游来水水质	32.6	22.4	13.1	15.8	16.1
	甘河汇入水质	23.7	33.2	12.9	5.17	25.1
总磷	生活源排放	0	100	0	0	0
	工业源排放	0	100	0	0	0
	上游来水水质	0	100	0	0	0
	甘河汇入水质	0	100	0	0	0

　　由表可知，控制生活源排放策略下，尼尔基水库 COD 水质为 I 类水的概率最高，为 25.5%，氨氮为 II 类水水质的概率最高，为 25.7%，总磷为 II 类水的水质最高，为 100%；而当采用控制工业源排放策略时，尼尔基水库 COD 水质为 I 类水的概率最高，为 25.5%，氨氮为 II 类水水质概率最高，为 25.7%，总磷为 II 类水水质最高，为 100%；控制上游来水策略下，尼尔基水库 COD 水质为 I 类水的概率最高，为 35.4%，氨氮为 I 类水的概率最高，为 32.6%，总磷为 II 类水的概率最高，为 100%；采用控制直流汇入策略时，尼尔基水库 COD 水质为 I 类水的概率最高，为 29.9%，氨氮水质为 II 类水的概率最高，为 33.2%，总磷为 II 类水的概率最高，为 100%。

　　同时，通过系统动力学模型，采用限制水田数量策略时，尼尔基水库水质状况是 COD 水质为 I 类水、氨氮水质为 II 类水、总磷水质为 II 类水。将以上模拟结果带入水生态风险评估模型中，可以校验控制策略的有效性。结果显示，采用控制生活源排放策略时，尼尔基水库水生态风险指数为 0.354 596，生态风险评估等级为轻度风险，其概率为 29.7%，主要是由于按照现状评估结果，尼尔基水库库末值皆为三个断面中的最小值，因此，在评估当中如果仅改变 COD、总氮、总磷三个值，则 0.354 596 为最小值，同样，采用控制工业源策略时，可以看到水生态风险因子为 0.354 596，两种策略的概率相等，皆为6.55%。由于控制上游来水与支流汇入策略下尼尔基水库水质状况较为一致，在控制上游来水策略下，尼尔基水库生态风险等级为轻度风险，其概率为11.54%；而采用控制甘河汇入策略时，其水生态风险等级为轻度风险，概率为9.93%；而采用限制水田数量策略时，尼尔基水库水生态风险等级为轻度风险，水华生态风险等级为无风险。

在控制尼尔基水库水生态风险的策略中，控制水田数量的策略是最为有效的，尽管其评估结果与其他四种策略一致，但是水库的水质状况优于其他策略。而在其他控制策略中，最为有效的是控制上游来水水质，出现无风险的概率可能最高，其次为控制甘河汇入水质策略，然后为控制生活源与工业源排放情况。

8.5 嫩江流域典型示范区水生态风险预警决策平台总结

综上所述，嫩江流域典型示范区水生态风险预警决策平台具体操作如下：

（1）依据沿江排污、非点源污染、上游来水、上游支流汇入和特征污染物为考察因素构建系统动力学决策模型，对嫩江示范区水生态进行定性分析；

（2）采用贝叶斯网络模型进行风险预警决策定量分析，从而实现尼尔基水库的水生态风险预警与决策。

本章建立尼尔基水库水生态风险预警决策模型，采用了系统动力学融合贝叶斯网络模型技术，突出了预警决策研究中的定量化优势，实现尼尔基水库的水生态风险预警与决策，并在对现状数据进行对比分析的基础上，验证了模型的准确性，通过对相关风险源风险的预警研究与控制策略的决策研究，验证了模型的可用性。利用建立好的尼尔基水库水生态风险评估指标体系，对尼尔基水库进行生态风险评估，并利用系统动力学建立尼尔基水库上游嫩江县社会经济发展与下游尼尔基水库水生态风险之间的互动响应关系，最终以贝叶斯网络建立尼尔基水库的预警机制并作为理论依据。丰富了国内外关于生态风险评估、研究与决策的研究领域，加快了生态风险评估的实际工程应用，创新了水生态风险评估的方法，分析了水生态风险评估与尼尔基水库水生态风险状况的关系，提出了针对嫩江流域典型区的水生态风险评估，为后续建立评价-预警-决策平台提供理论依据与技术支持。在构建尼尔基水库水生态风险评估指标体系的基础上，考虑上游来水、支流汇入（甘河）与社会经济发展等诸要素对尼尔基水库水生态风险的影响，采用 Ithink 软件平台，构建水库上游地区社会经济发展、上游支流汇入、湖库周边景观变化与水库的水生态风险的互动响应关系的系统动力学模型。通过对系统动力学模型相关参数的设定，模拟不同的治理方案降低水库生态风险的效果，对比出最优方案，实现方案决策。

9

基于手机 App 嫩江流域典型示范区水生态风险监控系统

自 2014 年以来，"互联网+"行业得到国家大力支持，各行业先后开发了自己独有的 App 应用平台。为总结嫩江流域典型区的水生态监测工作，利用移动信息通信技术，把移动互联网和传统现场监测手段结合起来，创造一种新的工作方式，极大提高工作效率和工作质量，为水行政主管部门开展水功能区水生态风险监控工作提供科学可行的技术支撑。

9.1 基于手机 App 技术特点及优势

9.1.1 手机 App 技术特点

9.1.1.1 个性化定制

利用远程网络监控平台，及时了解尼尔基水库的水生态情况，如果出现异常，监控信息会进行报警。通过地图信息进行定位，这个功能能定位到检测员所处的位置，并在地图上显示出来，可以将当前的位置保存，以方便日后查询。根据需求填写相关样品查询信息，在数据库中查询样品信息。通过电子监管码扫描，生成验证码，方便样品监管和检查。

9.1.1.2 数据挖掘与信息发布

通过移动互联网技术可以在公开渠道、形式、时效等方面得到很大的改善。将嫩江流域水质数据、水生生物（藻类、浮游动物、底栖动物、鱼类）等信息加工后，发送给监测中心，由监测中心负责审核并形成综合评估报告。通过网络在线监控平台，可以实现地方的监测点与中央平台点对点的连接。通过平台了解监测点的运行情况，如仪器运转是否正常，是否处于监控的状态。可以将水环境监测系统有效关联起来，促进环境监控由点及面，联防联控，协同控制，全面了解水环境数据。

9.1.1.3 快捷获取及迅速传播

在尼尔基水库监控方面，通过在线监测设备，数据都能实现在线上传，使用移动的执法设备，包括使用手机、笔记本、便携的设备打印一些现场笔录，将现场情况固化在 App 里。由于水污染的突发性强、历时短、预警时间有限，最有效的方式就是利用手机的便携性和即时性，实时将区域内主要控制数据、图像等信息发布到预警平台，将信息发布在最短的时间内完成，通过智能手机终端及时了解突发性水污染事件资讯，做好应急处置的准备。

9.1.2 手机 App 技术优势

手机 App 技术具有专业设计、信息共享、及时响应、无缝对接、传输方便、动态监测、数据安全等优势。

功能上的优势主要包括以下几方面。

（1）方便性：文件传输、文件管理、处理反馈、多功能合一，一个系统能够全部完成。

（2）安全性：登录本系统需要用户名、密码，且不支持外部人员注册，全部由后台管理员统一分配。数据库永久保存记录，随时翻阅随时追溯。

（3）专业性：本系统是为满足优化水生态监测工作流程设计研发，高度定制，实用且简洁。为及时了解尼尔基水库的水质水生态情况增加了新途径，从松辽流域水资源保护局网站登录，点击安装后即可用手机查询，提供尼尔基水库水质水生态信息，逐步增加嫩江流域重要水功能区管理、嫩江流域省界缓冲区管理、入河排污口管理、突发事件等相关水环境信息传送与发布等功能（钟元生，2015）。

9.2 App 端介绍

9.2.1 下载与安装

9.2.1.1 下载方式

第一种情况，直接扫描手机外的二维码，比较简单，打开手机 QQ 软件的"动态"功能里的"扫一扫"功能、微信的"发现"功能里"扫一扫"功能、360 手机卫士的"应用工具"里"安全二维码"扫描或其他二维码扫描软件，把手机相机镜头对准二维码即可直接扫描安装。

第二种情况，扫描手机屏幕上的二维码，在软件不支持屏幕内扫描的情况下，可以先将二维码画面截图（大部分手机可按住下方中间的实体键不松开，然后轻按下电源键）。下载链接：http://fir.im/y4xn。

9.2.1.2 安装

如果是在手机浏览器中下载的安装包，就打开手机浏览器。例如，要下载百度软件，就点击下载。

下载完成后，在浏览器中点击主菜单功能键，然后在菜单栏里找到"下载"并点击。

点击"下载"以后，看到刚才下载的软件安装包，点击安装包，系统提示安装该软件，然后点击"安装"，等待安装完成即可。

9.2.1.3 系统要求

安卓系统 3.1 版本以上手机。1GHz 处理器、512MB RAM、3.5 英寸屏幕。

9.2.2 用户登录

打开 App 应用，直接进入用户登录界面，该用户登录界面由用户名和密码两部分组成，获取方式为后台管理员主动分配用户名和密码，不支持注册。如密码和用户名错误将无法正常登录，多次登录错误信息将反馈给后台。

9.2.3 文件上传

将 xls、txt、jpg 等格式的文件传入指定文件夹，点击添加文件图标即可进入文件资源管理器，选择要上传的文件后，点击上传文件按钮。

该系统是以信息流方式把文件作为字节流传输。文件可分为若干以一系列字节或机器字长为单位的逻辑单元所组成的逻辑记录。文件上传成功后将直接进入后台文件管理界面。

9.2.4 上传记录

点击首页右上角的上传记录，可以看到个人过去所有的上传记录。通过 App 上传文件，上传文件的历史记录、上传人员信息，以及上传时间同时反馈给后台，上传信息和后台记录一一对应。

9.2.5 回执展示

首页下半部分用来展示后台管理员汇总的所有采集来的文字及图表等信息。点击列表项可以查看详细信息及大图。通过回执展示区域，可得到最新数据回执和决策方案。

9.2.6 权限控制

App 本地设有权限控制功能，不同人用相同手机登录后只能看到自己的上传记录，并且数据经过加密，外人无法解开。文件上传记录了用户名，后台能够精准的区分不同人员、地点、时间上传的数据。

本系统使用 RBAC（role-based access control，基于角色的访问控制）权限

管理，就是用户通过角色与权限进行关联。简单地说，一个用户可扮演若干角色，每一个角色拥有若干权限。这样，就构成"用户-角色-权限"的授权模型。在这种模型中，用户与角色之间，角色与权限之间，一般者是多对多的关系。随着系统的日益庞大，为了方便管理，可引入角色组对角色进行分类管理，跟用户组不同，角色组不参与授权。例如：某电网系统的权限管理模块中，角色就是挂在区局下，而区局在这里可当做角色组，不参与权限分配。另外，为方便上面各主表自身的管理与查找，可采用树型结构，如菜单树、功能树等，当然这些不需要参与权限分配。如图 9-1 所示。

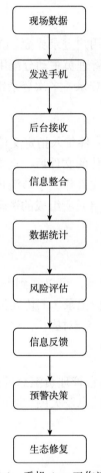

图 9-1 手机 App 工作流程

9.3 后台管理端介绍

9.3.1 登录功能

超级管理员账号才可登录后台管理系统，数据采用 SHA-1 数据加密，SHA（secure hash algorithm，安全散列算法）是美国国家安全局（NSA）设计，美国国家标准与技术研究院（NIST）发布的一系列密码散列函数，又叫安全哈希加密技术，是当今世界最先进的加密算法。主要用于文件身份识别、数字签名和口令加密等，保证传输过程中不会被截取和泄露密码。如图 9-2 所示。

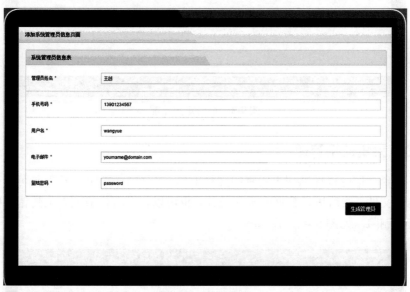

图 9-2 后台登录

9.3.2 账户分配

为保证系统的安全性和封闭性，所有用户账号由超级管理员统一分配，不允许个人注册。为了便于管理和保持个人信息完整性，需要填写分配用户的姓名、手机号、邮箱、登录密码等信息。如图 9-3 所示。

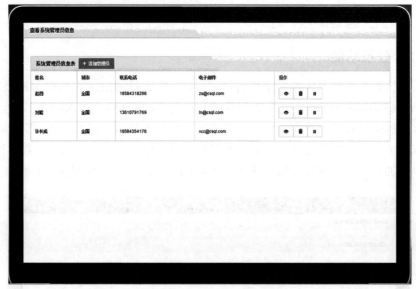

图 9-3　后台账户分配

9.3.3　采集数据管理

后台管理可以详细列出所有的文件上传记录及上传时间，管理员可下载已上传的文件，然后进行数据分析和统计，也可以将没有价值或者上传错误的信息直接删除。如图 9-4 所示。

编号	姓名	文件名	日期	操作
1810	许长成	2015-11-28采集数据.xls	2015-12-02 21:09	🗑
1809	许长成	新建_Microsoft_Excel_工作表.xls	2015-12-02 16:43	🗑
1808	许长成	10个数随机排序程序.txt	2015-12-02 16:06	🗑
1807	许长成	app接口文档修改.txt	2015-11-30 18:38	🗑
1806	许长成	0101.xls	2015-11-30 18:24	🗑
1805	许长成	0.jpg	2015-11-30 18:22	🗑
1804	许长成	新建_Microsoft_Excel_工作表.xls	2015-11-15 16:43	🗑
1803	许长成	10个数随机排序程序.txt	2015-11-15 16:06	🗑
1802	许长成	app接口文档修改.txt	2015-11-11 18:38	🗑
1801	许长成	0101.xls	2015-11-11 18:24	🗑
1800	许长成	0.jpg	2015-11-11 18:22	🗑

图 9-4　采集数据管理

9.3.4　回执数据管理

超级管理员可以将统计分析的结果以图文的形式回执到公共空间，用户在 App 端可以看到管理员回执的内容，而且管理员可以对已经发布的回执内容进行修改和删除操作。如图 9-5 所示。

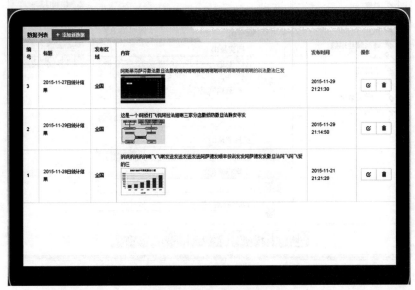

图 9-5　回执数据管理

9.4　后台管理应用——以尼尔基水库坝前线性回归模型的建立为例

9.4.1　建立线性回归方程——坝前汛期

尼尔基水库 2011～2015 年水环境监测坝前汛期数据，用 SPSS 逐步线性回归过程处理，图 9-6 为 SPSS21.0 处理界面截图，输出数据结果见表 9-1～表 9-4，以及图 9-7。

图 9-6　SPSS21.0 尼尔基水库线性回归处理过程截图

表 9-1　输入/移去的变量

模型	输入的变量	移去的变量	方法
1	TN	—	步进（准则：F-to-enter 的概率 ≤0.050，F-to-remove 的概率 ≥0.100）
2	—	TP	步进（准则：F-to-enter 的概率 ≤0.050，F-to-remove 的概率 ≥0.100）
3	SD	—	步进（准则：F-to-enter 的概率 ≤0.050，F-to-remove 的概率 ≥0.100）
4	—	高锰酸盐指数	步进（准则：F-to-enter 的概率 ≤0.050，F-to-remove 的概率 ≥0.100）
5	—	pH	步进（准则：F-to-enter 的概率 ≤0.050，F-to-remove 的概率 ≥0.100）
6	—	DO	步进（准则：F-to-enter 的概率 ≤0.050，F-to-remove 的概率 ≥0.100）
7	—	NH_3-N	步进（准则：F-to-enter 的概率 ≤0.050，F-to-remove 的概率 ≥0.100）
8	—	COD	步进（准则：F-to-enter 的概率 ≤0.050，F-to-remove 的概率 ≥0.100）
9	NO_3-N	—	步进（准则：F-to-enter 的概率 ≤0.050，F-to-remove 的概率 ≥0.100）

注：因变量为 Chl-a。

表 9-2 模型汇总

模型	R	R^2	调整 R^2	标准估计的误差	Sig.
1	0.742	0.55	0.524	4.0567	0
2	0.828	0.685	0.685	3.5001	0.019
3	0.925	0.855	0.855	2.448	0.001

表 9-3 方差分析

模型		平方和	df	均方	F	Sig.
	回归	342.328	1	342.328	20.801	0
1	残差	279.770	17	16.457	—	—
	总计	622.098	18	—	—	—
	回归	426.089	2	213.045	17.391	0
2	残差	196.009	16	12.251	—	—
	总计	622.098	18	—	—	—
	回归	532.204	3	177.401	29.602	0
3	残差	89.894	15	5.993	—	—
	总计	622.098	18	—	—	—

表 9-4 系数 a

模型		非标准化系数		标准系数	t	Sig.	共线性统计量	
		B	标准误差	试用版			容差	VIF
1	常量	-3.608	3.803	—	-0.949	0.356	—	—
	TN	19.630	4.304	0.742	4.561	0.000	1.000	1.000
2	常量	5.443	4.770	—	1.141	0.271	—	—
	TN	16.924	3.855	0.640	4.390	0	0.928	1.078
	SD	-9.803	3.749	-0.381	-2.615	0.019	0.928	1.078
3	常量	6.896	3.354	—	2.056	0.058	—	—
	TN	14.635	2.751	0.553	5.321	0	0.892	1.122
	SD	-15.547	2.956	-0.604	-5.259	0	0.730	1.370
	NO_3-N	26.685	6.342	0.466	4.208	0.001	0.784	1.275

注：因变量为 Chl-a。

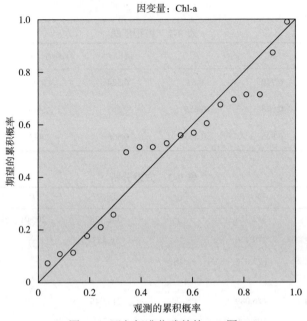

图 9-7　回归标准化残差的 P-P 图

由表 9-1 可知，与 Chl-a 有显著性关系的是 TN、SD、NO$_3$-N。由表 9-2 可知，最优回归方程为第 3 个模型，随着变量的逐步进入，其相关系数 R 逐渐增大，决定系数 R^2 也逐渐增大，标准误差逐渐减小，模型 3 相关系数最大，标准误差最小，线性回归的拟合度也最好。其决定系数 R^2 为 0.855，说明其线性相关性很强。表 9-3 为线性回归模型的方差分析，是模型整体的显著性检验。模型 3 的 F 统计量为 29.602，Sig 值为 0，线性回归模型是显著的。根据表 9-4，Sig 值均接近于 0，自变量之间存在显著性差异。在共线性统计量中，VIF 值均小于 5，容差均大于 0.2，且为倒数关系，可见自变量之间均不共线。图 9-7 中，所有的点均落在直线附近，可认定标准化残差符合正态分布。

综上所述，自变量 TN、SD、NO$_3$-N 与因变量 Chl-a 之间线性回归方程有意义且存在线性相关关系。将因变量 Chl-a 记为 $Y_{\text{Chl-a}}$，自变量 TN、SD、NO$_3$-N 记为 X_{TN}，X_{SD}，$X_{\text{NO}_3\text{-N}}$，则尼尔基水库坝前汛期 Chl-a 预测模型为

$$Y_{\text{Chl-a}} = 6.896 + 14.635X_{\text{TN}} - 15.547X_{\text{SD}} + 26.685X_{\text{NO}_3\text{-N}} \tag{9-1}$$

系数绝对值越大，说明自变量每变化一个单位对因变量 $Y_{\text{Chl-a}}$ 的影响也就越大。因而对于 Chl-a 的影响最大的是 NO$_3$-N 的浓度，其次为透明度和 TN。其中，透明度与其为负相关关系，NO$_3$-N 和 TN 与其为正相关关系。

9.4.2 建立线性回归方程——坝前非汛期

尼尔基水库 2011～2015 年水环境监测坝前非汛期数据,用 SPSS 逐步线性回归过程处理,输出数据结果见表 9-5～表 9-8,以及图 9-8。

表 9-5 输入/移去的变量

模型	输入的变量	移去的变量	方法
1	—	TN	步进(准则:F-to-enter 的概率≤0.050,F-to-remove 的概率≥0.100)
2	TP	—	步进(准则:F-to-enter 的概率≤0.050,F-to-remove 的概率≥0.100)
3	—	SD	步进(准则:F-to-enter 的概率≤0.050,F-to-remove 的概率≥0.100)
4	—	高锰酸盐指数	步进(准则:F-to-enter 的概率≤0.050,F-to-remove 的概率≥0.100)
5	—	pH	步进(准则:F-to-enter 的概率≤0.050,F-to-remove 的概率≥0.100)
6	—	DO	步进(准则:F-to-enter 的概率≤0.050,F-to-remove 的概率≥0.100)
7	—	NH_3-N	步进(准则:F-to-enter 的概率≤0.050,F-to-remove 的概率≥0.100)
8	—	COD	步进(准则:F-to-enter 的概率≤0.050,F-to-remove 的概率≥0.100)
9	—	NO_3-N	步进(准则:F-to-enter 的概率≤0.050,F-to-remove 的概率≥0.100)

注:因变量为 Chl-a。

表 9-6 模型汇总

模型	R	R^2	调整 R^2	标准估计的误差	Sig.
1	0.481^a	0.232	0.195	1.8613	0.020

注:预测变量为常量、总磷;因变量为 Chl-a。

表 9-7 方差分析

模型		平方和	df	均方	F	Sig.
	回归	21.938	1	21.938	6.332	0.020^b
1	残差	72.757	21	3.465	—	—
	总计	94.695	22	—	—	—

注:因变量为 Chl-a;预测变量为常量、总磷。

表 9-8 系数 a

模型		非标准化系数		标准系数试用版	t	Sig.	共线性统计量	
		B	标准误差				容差	VIF
1	常量	4.776	1.173	—	4.073	0.001	—	—
	总磷	31.393	12.475	0.481	2.516	0.020	1.000	1.000

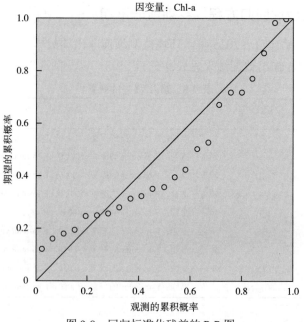

因变量：Chl-a

图 9-8　回归标准化残差的 P-P 图

由表 9-5 可知，与 Chl-a 有关系的是 TP，决定系数 R^2 为 0.232，说明其线性相关性不是很强。表 9-7 为线性回归模型的方差分析，为模型整体的显著性检验。模型的 F 统计量为 6.322，Sig 值为 0.020，线性回归模型是显著的。由表 9-8 可知，Sig 值均接近于 0，自变量之间存在显著性差异。在共线性统计量中，VIF 值均小于 5，容差均大于 0.2，且为倒数关系，可见自变量之间均不共线。由图 9-8 可知，标准化残差符合正态分布。

综上所述，自变量 TP 与因变量 Chl-a 之间线性回归方程有意义且存在线性相关关系。将因变量 Chl-a 记为 Y_{Chl-a}，自变量 TP 记为 X_{TP}，则尼尔基水库坝前非汛期 Chl-a 预测模型为

$$Y_{Chl-a}=4.766+31.393X_{TP} \tag{9-2}$$

系数绝对值越大，说明自变量每变化一个单位对因变量 Y_{Chl-a} 的影响也就越大。因而对于坝前非汛期 Chl-a 的影响最大的是 TP 的浓度，其与叶绿素 a 为正相关关系。

9.4.3　回归模型预测分析——坝前汛期

在 SPSS 中设置置信区间为 95%，对所作出的 Chl-a 线性回归模型做预测，以预测结果对模型进行验证，对监测值和预测值进行曲线拟合。

预测结果见表 9-9，其中，PRE 为预测均值，LMCI_1 为预测下限值，UMCI_1

为预测上限值，LICI_1 为个别值预测下限值，UICI_1 为个别预测值上限值。2011～2015 年汛期拟合曲线见图 9-9（见书后彩图）。

表 9-9　尼尔基水库坝前汛期 Chl-a 实际值与预测值结果比较

日期	Chl-a 实测值	PRE	LMCI_1	UMCI_1	LICI_1	UICI_1
2011.6	5.5	7.474 97	5.303 05	9.646 89	1.823 10	13.126 84
2011.7	7.4	10.958 10	8.829 05	13.087 16	5.322 57	16.593 64
2011.8	11.4	10.983 96	8.701 01	13.266 91	5.288 50	16.679 42
2011.9	8.6	8.513 06	6.752 04	10.274 08	3.006 01	14.020 11
2012.6	10.9	10.238 03	8.008 51	12.467 55	4.563 77	15.912 28
2012.7	10.5	12.095 69	9.205 19	14.986 19	6.130 67	18.060 70
2012.8	12.5	11.413 21	9.143 18	13.683 23	5.722 91	17.103 50
2012.9	12.7	12.329 92	10.918 59	13.741 26	6.924 53	17.735 32
2013.6	10.2	10.237 31	8.654 33	11.820 29	4.784 58	15.690 04
2013.7	12.9	11.677 64	10.134 99	13.220 29	6.236 49	17.118 79
2013.8	13.5	10.763 48	8.646 33	12.880 63	5.132 43	16.394 53
2013.9	13.1	16.076 47	14.631 46	17.521 48	10.662 19	21.490 75
2014.6	12.7	12.607 46	10.907 08	14.307 83	7.119 50	18.095 41
2014.7	25.0	19.223 97	17.301 83	21.146 11	13.663 30	24.784 63
2014.8	28.0	26.641 02	23.355 88	29.926 17	20.475 10	32.806 94
2014.9	23.0	25.931 68	22.736 90	29.126 46	19.813 43	32.049 93
2015.6	9.1	8.914 50	5.727 03	12.101 97	2.800 06	15.028 94
2015.7	10.0	8.624 41	5.226 40	12.022 42	2.397 62	14.851 20
2015.8	14.0	16.295 12	13.113 20	19.477 04	10.183 57	22.406 66

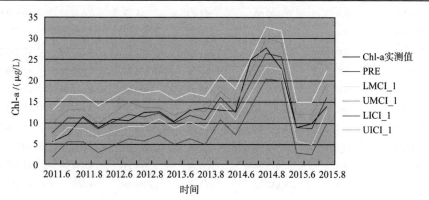

图 9-9　Chl-a 实际值与预测值拟合曲线图

根据表 9-9 和图 9-9，Chl-a 实际值与 PRE（预测值）拟合效果很好，预测值基本接近真实值，虽然有误差，但在可接受的误差范围内，且真实值均在预测值上下限区间内，此模型对于 Chl-a 的预报预警系统具有一定的实际意义。

9.4.4 回归模型预测分析——坝前非汛期

在 SPSS 中设置置信区间为 95%，对所作出的 Chl-a 线性回归模型做预测，以预测结果对模型进行验证，对监测值和预测值进行曲线拟合。

预测结果见表 9-10，其中，PRE 为预测均值，LMCI_1 为预测下限值，UMCI_1 为预测上限值，LICI_1 为个别值预测下限值，UICI_1 为个别预测值上限值。

2011～2015 年非汛期拟合曲线见图 9-10（见书后彩图）。

表 9-10　尼尔基水库坝前非汛期 Chl-a 实际值与预测值结果比较

日期	Chl-a 实测值	PRE	LMCI_1	UMCI_1	LICI_1	UICI_1
2011.3	5.1	6.346 11	5.057 96	7.634 26	2.266 52	10.425 70
2011.4	6.6	7.287 89	6.449 82	8.125 96	3.327 32	11.248 46
2011.5	5.4	6.973 96	6.03 230	7.915 63	2.990 19	10.957 74
2011.10	7.5	6.660 04	5.561 99	7.758 09	2.636 43	10.683 65
2011.11	6.5	6.973 96	6.032 30	7.915 63	2.990 19	10.957 74
2012.3	6.0	6.346 11	5.057 96	7.634 26	2.266 52	10.425 70
2012.4	5.3	6.973 96	6.032 30	7.915 63	2.990 19	10.957 74
2012.5	5.8	7.601 82	6.793 97	8.409 66	3.647 54	11.556 10
2012.10	7.0	6.973 96	6.032 30	7.915 63	2.990 19	10.957 74
2012.11	6.1	7.287 89	6.449 82	8.125 96	3.327 32	11.248 46
2013.3	5.8	7.915 74	7.056 98	8.774 51	3.950 74	11.880 74
2013.4	6.4	7.287 89	6.449 82	8.125 96	3.327 32	11.248 46
2013.5	6.0	6.660 04	5.561 99	7.758 09	2.636 43	10.683 65
2013.10	7.4	8.229 67	7.251 42	9.207 92	4.237 09	12.222 25
2013.11	7.0	8.229 67	7.251 42	9.207 92	4.237 09	12.222 25
2014.3	9.0	7.915 74	7.056 98	8.774 51	3.950 74	11.880 74
2014.4	9.0	7.601 82	6.793 97	8.409 66	3.647 54	11.556 10
2014.5	10.0	11.055 00	8.056 63	14.053 37	6.158 68	15.951 32
2014.10	13.0	7.915 74	7.056 98	8.774 51	3.950 74	11.880 74
2014.11	11.0	6.973 96	6.032 30	7.915 63	2.990 19	10.957 74
2015.3	9.0	7.915 74	7.056 98	8.774 51	3.950 74	11.880 74
2015.4	9.0	8.857 52	7.515 95	10.199 09	4.760 75	12.954 29
2015.5	10.0	7.915 74	7.056 98	8.774 51	3.950 74	11.880 74

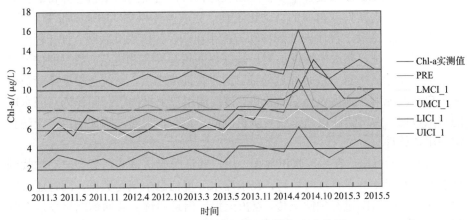

图 9-10 Chl-a 实际值与预测值拟合曲线图

根据表 9-10 和图 9-10，Chl-a 实际值与 PRE（预测值）拟合效果不是很好，大部分预测值明显高于真实值，误差在 2μg/L 左右，部分真实值超过了预测值的上限，此模型对于 Chl-a 的预报预警系统的实际意义不是很好。

可以把以上后台分析结果通过手机以图片的方式上传并共享。

9.5　基于手机 App 技术应用展望

通过手机 App 来实现监测网站在线具有开发难度低、操作使用简单、通知及时等优点，而且智能手机作为联络、娱乐的重要工具，使用频率非常高。网站管理人员和技术维保人员能够在第一时间获得网站离线状态信息。

以手机 App 的形式实时监测网站在线状态，通过内置通知、振动、响铃等方式通知网站管理人员和技术维保人员。利用微信等即时通信工具进行通知在目前很便捷，其应用非常广泛，拥有电脑版（网页版）、安卓版、IOS 版等，横跨多个平台。只要预先设置好语音或者文字内容，在获取故障信息后，将事先设置的内容发送过去即可完成通信（段云峰和秦晓飞，2015）。

实现平台：电脑一台（本地，能上互联网）和智能手机一部（远程，可以3G 上网）。

安装软件：本地电脑需安装 Skype 网络电话或微信的电脑版（网页版）及触发脚本、鼠标点击工具或者自研的自动化操作工具；智能手机需安装 Skype 网络电话或微信的手机 App。

实现方式：申请注册 Skype 网络电话或微信的账号两个，分别分配给本地电脑和远程手机，并互相添加为好友，同时让本地电脑和远程手机均保持在线状态。本地电脑运行触发脚本接收网站状态信息，当收到网站状态异常的消息后启动鼠标点击软件或自研的自动化工具，完成语音和文字的通知报警。

用户需要将报汛程序安装到移动智能手机中，并接入互联网。打开程序后先进行用户验证，在水库管理员用户验证界面填写姓名和电话，填写的信息与网页端的库管员信息一致时通过验证。用户验证成功后，系统会根据库管员信息来自动匹配所在地区及所负责水库，该终端用户上报的信息即作为对应水库的报汛数据。用户验证也是系统安全机制的一部分，未通过验证的用户无法正常使用该软件。

（1）水库报汛。在水库报汛界面，用户验证时确认过的信息会自动加载到页面上，库管员不需要重新填写，在水库水环境信息中填写数据，同时还可以对水库的实时情况进行拍照上传，点击上报后信息通过公共通信网络发送至管理平台。

（2）历史数据查询。在查询界面，库管员可以查询自己所负责的水库在任意一个历史时间段的报汛数据。通过查询界面，用户可以查看自己报汛的记录，也便于进行水库水环境数据的对比。点击列表中的数据，还可以继续查看详细信息。

（3）消息通知。在消息界面，用户可以读取上级部门下达的通知及消息，以保证管理部门与库管员的沟通及时有效。

（4）个人中心。在个人中心界面，可以进行个人资料和服务器设置的修改。当库管员电话号码等个人信息发生变化时，可以在个人资料中进行修改。当数据服务器的 IP 地址或者端口发生改变时，需要在服务器设置中进行修改。

参 考 文 献

Clark J S. 2013. 面向生态学数据的贝叶斯统计——层次模型、算法和 R 编程. 沈泽昊等译. 北京：科学出版社.

段学花，王兆印，徐梦珍. 2010. 底栖动物与河流生态评价. 北京：清华大学出版社.

段云峰，秦晓飞. 2015. 大数据的互联网思维. 北京：电子工业出版社.

傅德黔. 2013. 水污染源监测监管技术体系研究. 北京：中国环境出版社.

付青，郑丙辉. 2013. 基于环境风险管理的红枫湖饮用水水源保护区划分研究. 北京：中国环境出版社.

高俊峰，许妍. 2012. 太湖流域生态风险评估研究. 北京：科学出版社.

高懋芳. 2015. 流域尺度农业面源氮素污染模拟研究. 北京：中国农业科学技术出版社.

郭水良，于晶，陈国奇. 2015. 生态学数据分析——方法、程序与软件. 郝志鹏等译. 北京：科学出版社.

黄怀曾，汪双清. 2014. 磷控型富营养化——机理与调控原理. 北京：国防工业出版社.

黄卫东. 2014. 湖泊水华治理原理与方法. 合肥：中国科技大学出版社.

霍守亮，席北斗. 2014. 湖泊营养物基准制定的压力-响应模型及案例研究. 北京：科学出版社.

Kelly D，Smith C. 2014. 贝叶斯概率风险评估. 郝志鹏译. 北京：国防工业出版社.

梁琦，殷平. 2006. 嫩江县小水电建设前景广阔. 水利天地.

刘载文，王小艺，崔莉凤. 2013. 水环境监测评价与水华智能化预测方法及应急治理决策系统. 北京：化学工业出版社.

嫩江尼尔基水利水电有限责任公司. 2014. 尼尔基水库调度手册. 北京：中国水利水电出版社.

任景明. 2013. 区域开发生态风险评价理论与方法研究. 北京：中国环境出版社.

Suter G W Ⅱ. 2014. 生态风险评价（第二版）. 尹大强等译. 北京：高等教育出版社.

沈大军，张春玲，刘卓，等. 2013. 湖泊管理研究. 北京：中国水利水电出版社.

盛虎，郭怀成. 2015. 数据缺失下流域模拟方法研究. 北京：科学出版社.

宋关玲，王岩. 2015. 北方富营养化水体生态修复技术. 北京：中国轻工业出版社.

宋乾武，代晋国. 2009. 水环境优先控制污染物及应急工程技术. 北京：中国建筑工业出版社.

滕彦国，陈海洋，宋柳霆，等. 2014. 晋江流域饮用水水源保护与管理. 北京：科学出版社.

王德高，王莹. 2015. 化学物质环境风险评价原理、方法与实践. 北京：科学出版社.

王黎. 2014. 水环境风险监测与应急响应技术. 北京：中国环境出版社.

王晓蓉. 2013. 污染物微观致毒机制和环境生态风险早期诊断. 北京：科学出版社.

徐富春，刘定，刘伟. 2015. 污染源自动监控信息交换机制与技术研究. 北京：中国环境出版社.

杨霓云，王宏. 2012. 新化学物质环境风险评估技术方法. 北京：中国环境科学出版社.

殷福才. 2011. 巢湖富营养化的评价与控制对策研究. 北京：中国环境科学出版社.

赵俊三，朱兰艳，严泰来，等. 2011. 数字湖泊的技术与实现. 北京：测绘出版社.

赵小强，程文. 2012. 水质远程分析科学决策智能化环保系统. 西安：西安电子科技大学出版社.

郑丙辉，李开明，秦延文，等. 2016. 流域水环境风险管理技术与实践. 北京：科学出版社.

中国环境科学研究院. 2012. 湖泊生态调查与评估. 北京：科学出版社.

中国环境监测总站. 2014. 生态环境监测技术. 北京：中国环境出版社.

中华人民共和国水利部. 2011. 入河排污管理技术导则. 北京：中国水利水电出版社.

钟元生. 2015. App 开发案例教程. 北京：清华大学出版社.

周军英，单正军，石利利，等. 2012. 农药生态风险评价与风险管理技术. 北京：中国环境科学出版社.

周永柏. 2012. 智能监控技术. 大连：大连理工大学出版社.

附录 A   App 端主要源码

MainActivity.java
package com.qilin.chuangshi.fileupload.activity；

```
import android.App.DialogFragment；
import android.content.Context；
import android.content.Intent；
import android.os.Bundle；
import android.os.Handler；
import android.os.Message；
import android.util.Log；
import android.view.KeyEvent；
import android.view.LayoutInflater；
import android.view.View；
import android.widget.AdapterView；
import android.widget.ImageView；
import android.widget.ListView；
import android.widget.TextView；
import android.widget.Toast；
import com.ab.activity.AbActivity；
import com.ab.fragment.AbDialogFragment；
import com.ab.fragment.AbLoadDialogFragment；
import com.ab.http.AbHttpUtil；
import com.ab.http.AbRequestParams；
import com.ab.http.AbStringHttpResponseListener；
import com.ab.network.toolbox.Request；
import com.ab.util.AbDialogUtil；
import com.ab.util.AbToastUtil；
import com.ab.view.progress.AbHorizontalProgressBar；
import com.ab.view.pullview.AbPullToRefreshView；
import com.android.volley.AuthFailureError；
import com.android.volley.RequestQueue；
```

```
import com.android.volley.Response；
import com.android.volley.VolleyError；
import com.android.volley.toolbox.StringRequest；
import com.qilin.chuangshi.fileupload.R；
import com.qilin.chuangshi.fileupload.Utils.FileUtils；
import com.qilin.chuangshi.fileupload.adapter.ShowNetAdapter；
import com.qilin.chuangshi.fileupload.Application.MyApplication；
import com.qilin.chuangshi.fileupload.global.Constant；
import com.qilin.chuangshi.fileupload.http.MyRequestQueue；

import org.json.JSONArray；
import org.json.JSONException；
import org.json.JSONObject；

import java.io.File；
import java.util.ArrayList；
import java.util.HashMap；
import java.util.List；
import java.util.Map；

/**
  * Created by administrator on 2015/11/26.
  */
public class MainActivity extends AbActivity implements View.OnClickListener，
AbPullToRefreshView.OnHeaderRefreshListener，
AbPullToRefreshView.OnFooterLoadListener {

    /**
      * The constant TAG.
      */
private static final String TAG＝"MainActivity"；
private AbHttpUtil mAbHttpUtil＝null；//使用 Andbase 的 Http 工具类
    private AbHorizontalProgressBar mAbProgressBar；//ProgressBar 进度控制
    private int max＝100；//最大 100
```

```
    private int progress＝0；
     private DialogFragment mAlertDialog＝null；
    private ImageView imgBack，imgLog，imgAdd，mainFile；
    private TextView txtUp，txtRef，txtTitle，hisTxt，numberText，maxText，
txtFile；
    private String path；//
    private String filename；
    private String user_id；


    /**
     * ListView 相关
     *
     * @param savedInstanceState
     */
    private AbPullToRefreshView mAbPullToRefreshView＝null；
    private ListView mListView＝null；
    private List<Map<String，Object>> list；
    private ShowNetAdapter mAdapter＝null；
    int currentPage＝0；
    private int total＝20；
    private int pageSize＝20；
    private String page；
    private AbLoadDialogFragment mDialogFragment＝null；
    private MyApplication mMyApplication＝null；
    private RequestQueue mQueue；
    private List<Map<String，Object>> morelist＝new ArrayList<Map<String，
Object>>()；
    private List<Map<String，Object>> newList＝new ArrayList<Map<String，
Object>>()；

    private Handler handler＝new Handler(){
        @Override
        public void handleMessage(Message msg){
            super.handleMessage(msg)；
```

```
switch(msg.what){
    case 1：
        list＝(List<Map<String，Object>>)msg.obj；
        setData(MainActivity.this，list)；
        mDialogFragment.loadFinish()；
        break；
    case 2：//上拉加载
        mAbPullToRefreshView.onFooterLoadFinish()；
        newList＝(List<Map<String，Object>>)msg.obj；
        list.addAll(newList)；
        mAdapter.notifyDataSetChanged()；
        break；
    case 3：
        mAbPullToRefreshView.onFooterLoadFinish()；
        break；
    case 4：
        mAbPullToRefreshView.onHeaderRefreshFinish()；
    case 5：
        mAbPullToRefreshView.onHeaderRefreshFinish()；
        list＝(List<Map<String，Object>>)msg.obj；
        mAdapter.notifyDataSetChanged()；
        mDialogFragment.loadFinish()；
        }
    }
};


@Override
protected void onCreate(Bundle savedInstanceState){
    super.onCreate(savedInstanceState);
    setAbContentView(R.layout.activity_main);

    hisTxt＝(TextView)findViewById(R.id.title).findViewById
(R.id.title_setup_histroy);
    hisTxt.setVisibility(View.VISIBLE);
```

```
    imgBack＝(ImageView)findViewById(R.id.title_back);
    imgBack.setVisibility(View.GONE);
    txtFile＝(TextView)findViewById(R.id.main_name);
    mainFile＝(ImageView)findViewById(R.id.main_file);
    mainFile.setOnClickListener(new View.OnClickListener(){
        @Override
        public void onClick(View v){
            Intent intent＝new Intent(MainActivity.this,
UploadActivity.class);
            startActivity(intent);
        }
    });

    mQueue＝
MyRequestQueue.getRequestQueue(MyRequestQueue.NOCACHE);


    initView();
    initListView();
    mMyApplication＝(MyApplication)getApplication();
    user_id＝mMyApplication.getUserId();
    filename＝mMyApplication.getFilename();
    String show＝getIntent().getStringExtra("SHOW");
    if(filename !＝null){
        Log.e("show", filename + "");
        txtFile.setText(filename);
        txtFile.setVisibility(View.VISIBLE);
    }
    //获取 Http 工具类
    mAbHttpUtil＝AbHttpUtil.getInstance(this);
    mAbHttpUtil.setTimeout(10000);

}

/**
```

```
    *上传部分布局
     */
    private void initView(){
        imgAdd＝(ImageView)findViewById(R.id.main_image);
        txtUp＝(TextView)findViewById(R.id.main_setup);
        txtRef＝(TextView)findViewById(R.id.main_refresh);
        imgBack＝(ImageView)findViewById(R.id.title_back);

        imgAdd.setOnClickListener(this);
        txtUp.setOnClickListener(this);
        txtRef.setOnClickListener(this);
        hisTxt.setOnClickListener(this);
    }

    /**
     *ListView 加载
     */
    private void initListView(){

        //获取 ListView 对象
        mAbPullToRefreshView＝
(AbPullToRefreshView)this.findViewById(R.id.mPullRefreshView);
        mListView＝(ListView)this.findViewById(R.id.mian_list);
        //设置监听器
        mAbPullToRefreshView.setOnHeaderRefreshListener(this);
        mAbPullToRefreshView.setOnFooterLoadListener(this);
        //设置进度条的样式

mAbPullToRefreshView.getHeaderView().setHeaderProgressBarDrawable(this.
getResources().getDrawable(R.drawable.progress_circular));

mAbPullToRefreshView.getFooterView().setFooterProgressBarDrawable(this.
getResources().getDrawable(R.drawable.progress_circular));
        //ListView 数据
```

```
        list＝new ArrayList<Map<String，Object>>();
        //显示进度框
        mDialogFragment＝
AbDialogUtil.showLoadDialog(this,R.mipmap.ic_load，"查询中,请等一小会");
        mDialogFragment.setAbDialogOnLoadListener(new
AbDialogFragment.AbDialogOnLoadListener(){
            @Override
            public void onLoad(){
                //下载网络数据
                refreshTask();
            }
        });

        setData(this，list);
    }

    private void setData(Context context，List list){
        //使用自定义的 Adapter
        mAdapter＝new ShowNetAdapter(context，list，R.layout.item_shownet，
new String[]{"itemsIcon"，"itemsTitle"，"itemsText"，"itemsTime"}，new
int[]{R.id.itemsIcon，R.id.itemsTitle，R.id.itemsText，R.id.itemsTime});
        mListView.setAdapter(mAdapter);
        //item 点击事件
        mListView.setOnItemClickListener(new
AdapterView.OnItemClickListener(){
            @Override
            public void onItemClick(AdapterView<?> parent，View view，int
position，long id){
                HashMap<String，Object> map＝(HashMap<String，
Object>)mListView.getItemAtPosition(position);

                String imgIco＝(String)map.get("itemsIcon");
                String title＝(String)map.get("itemsTitle");
                String text＝(String)map.get("itemsText");
                String time＝(String)map.get("itemsTime");
```

```
                Log.e("mainImgIco", imgIco);
                Log.e("mainTitle", title);
                Log.e("mainText", text);
                Log.e("mainTime", time);
                Intent intent＝new Intent(MainActivity.this,
DetailsActivity.class);
                intent.putExtra("imgIco", imgIco);
                intent.putExtra("title", title);
                intent.putExtra("text", text);
                intent.putExtra("time", time);
                startActivity(intent);
                }
            });
        }


    @Override
    public void onHeaderRefresh(AbPullToRefreshView abPullToRefreshView){
        refreshTask();
    }


    @Override
    public void onFooterLoad(AbPullToRefreshView abPullToRefreshView){
        loadMoreTask();
    }



    public void refreshTask(){
        page＝String.valueOf(currentPage);
        StringRequest downRequest＝new
StringRequest(Request.Method.POST, Constant.DATAURL, new
Response.Listener<String>(){
            @Override
            public void onResponse(String s){

                Log.e("-----------------", s);
```

```
Map<String, Object> map＝null;
try{
    JSONObject json＝new JSONObject(s);
    String resule＝json.getString("result");
    if(resule.equals("success")){
        list.clear();
        JSONArray jsonArray＝
json.getJSONArray("data");
        for(int i＝0; i< jsonArray.length(); i++){
            JSONObject obj＝jsonArray.getJSONObject(i);

            String itemsIcon＝
obj.getString("picture_url");
            String itemsTitle＝obj.getString("title");
            String itemsText＝
obj.getString("introduction");

            String itemsTime＝obj.getString("datetime");
            Log.e("itemsIcon", itemsIcon + "");
            Log.e("itemsTitle", itemsTitle + "");
            Log.e("itemsText", itemsText + "");
            Log.e("itemsTime", itemsTime + "");
            map＝new HashMap<String, Object>();
            map.put("itemsIcon", itemsIcon);
            map.put("itemsTitle", itemsTitle);
            map.put("itemsText", itemsText);
            map.put("itemsTime", itemsTime);
            list.add(map);
            Log.e("list", list + "");
        }
        Message message＝Message.obtain();
        message.what＝5;
        message.obj＝list;
        handler.sendMessage(message);
    } else {
        String msg＝json.getString("msg");
```

```
                    Log.e("msg"， msg + "");
                    Toast.makeText（MainActivity.this，msg，
Toast.LENGTH_SHORT).show();
                }
            } catch(JSONException e){
                e.printStackTrace();
            }
        }
    }， new Response.ErrorListener(){
        @Override
        public void onErrorResponse(VolleyError volleyError){
            Message message＝Message.obtain();
            message.what＝4；
                message.obj＝list；
            handler.sendMessage(message)；
        }
    }){
        @Override
        protected Map<String， String> getParams()throws
AuthFailureError{
                Map<String， String> map＝new HashMap<>();
                map.put("user_id"， user_id);
                map.put("page"， page);
                Log.e("map"， map + "");
                Log.e("user_id"， user_id+"");
                Log.e("page"， page+"");
                return map；
            }
        }；
        mQueue.add(downRequest);
    }
    public void loadMoreTask(){
        page＝(Integer.valueOf(page)+1)+ "";
```

```java
        StringRequest downRequest＝new
StringRequest(Request.Method.POST，Constant.DATAURL，new
Response.Listener<String>(){
            @Override
            public void onResponse(String s){
                Log.e("loadMore_____s"，s);
                Map<String，Object>map＝null；
                try {
                    JSONObject json＝new JSONObject(s);
                    String resule＝json.getString("result");
                    if(resule.equals("success")){
                        newList.clear();
                        JSONArray jsonArray＝
json.getJSONArray("data");
                        for(int i＝0；i<jsonArray.length();i++){
                            JSONObject obj＝
jsonArray.getJSONObject( i );
                            String itemsIcon＝
obj.getString("picture_url");
                            String itemsTitle＝
obj.getString("title");
                            String itemsText＝
obj.getString("introduction");
                            String itemsTime＝obj.getString("datetime");
                            Log.e("itemsIcon"，itemsIcon + "");
                            Log.e("itemsTitle"，itemsTitle + "");
                            Log.e("itemsText"，itemsText + "");
                            Log.e("itemsTime"，itemsTime + "");
                            map＝new HashMap<String，Object>();
                            map.put("itemsIcon"，itemsIcon);
                            map.put("itemsTitle"，itemsTitle);
                            map.put("itemsText"，itemsText);
                            map.put("itemsTime"，itemsTime);
                            newList.add(map);
                        }
```

```
                    Log.e("list"，newList + "")；
                    Message message＝Message.obtain()；
                    message.what＝2；
                    message.obj＝newList；
                    handler.sendMessage(message)；
                } else{
                }
            } catch(JSONException e){
                e.printStackTrace()；
            }
        }
    }，new Response.ErrorListener(){
        @Override
        public void onErrorResponse(VolleyError volleyError){
            page＝((Integer.valueOf(page)) -1)+ ""；
            Message message＝Message.obtain()；
            message.what＝3；
            message.obj＝list；
            handler.sendMessage(message)；
        }
    }){
        @Override
        protected Map<String，String> getParams()throws
AuthFailureError{
            Map<String，String> map＝new HashMap< >()；
            map.put("user_id"，user_id)；
            map.put("page"，page)；
            Log.e("page--"，page + "")；
            return map；
        }
    }；


    mQueue.add(downRequest)；
}
```

```
/**
 * 按钮点击事件的实现
 *
 *@param v
 */
@Override
public void onClick(View v){
    Intent intent；
    switch(v.getId()){
        case R.id.main_image:
            intent＝new Intent(MainActivity.this，UploadActivity.class)；
            startActivity(intent)；
            break；
        case R.id.main_setup:

            imgAdd.setImageResource(R.mipmap.plus)；
            txtFile.setVisibility(View.INVISIBLE)；
            mainFile.setVisibility(View.INVISIBLE)；

            imgAdd.setVisibility(View.VISIBLE)；

            path＝mMyApplication.getPath()；
            filename＝mMyApplication.getFilename()；
            Log.e("MainPath"，path + "")；
            Log.e("MainFilename"，filename + "")；
            Log.e("MainUID"，user_id + "")；

            //已经在后台上传
            if (mAlertDialog !＝null){
                mAlertDialog.show(getFragmentManager()，"dialog")；
                return；
            }
            AbRequestParams params＝new AbRequestParams()；
            try {
```

```
        //多文件上传添加多个即可
        Log.e("path", path + "");
        params.put("user_id", user_id);
        Log.e("user_id", user_id + "");
        //参数随便加，在 sd 卡根目录放图片
        File file1＝new File(path);
        params.put("userfile", file1);
        Log.e("fiel1", file1+"");
    } catch (Exception e){
        e.printStackTrace();
    }
    mAbHttpUtil.post(Constant.UPFILE, params, new
AbStringHttpResponseListener(){
        @Override
        public void onSuccess(int statusCode, String content){
            Log.e("statusCode", statusCode +"");
            Log.e("content", content + "");
            String re＝"success";
            try{
                JSONObject jsonObject＝new
JSONObject(content);
                if (re.equals("success")){
                    AbToastUtil.showToast(MainActivity.this,
"文件上传成功");
                }else{
                }

            } catch(JSONException e){
                e.printStackTrace();
            }

        }
        //开始执行前
        @Override
        public void onStart(){
```

```
                        Log.d(TAG，"onStart");
                        //打开进度框
                        View v＝
LayoutInflater.from(MainActivity.this).inflate(R.layout.progress_bar_horizontal，
null，false);
                        mAbProgressBar＝
(AbHorizontalProgressBar)v.findViewById(R.id.horizontalProgressBar);
                        numberText＝
(TextView)v.findViewById(R.id.numberText);
                        maxText＝
(TextView)v.findViewById(R.id.maxText);
                        maxText.setText(progress + "/"
+String.valueOf(max));
                        mAbProgressBar.setMax(max);
                        mAbProgressBar.setProgress(progress);
                        try {
                                FileUtils.copy(path，FileUtils.COPYPATH + "/"
+filename，    false);
                        } catch (Exception e){
                                e.printStackTrace();
                        }
                        mAlertDialog＝AbDialogUtil.showAlertDialog("正
在上传"，v);
                    }

                    @Override
                    public void onFailure(int statusCode，String content，
                                        Throwable error){
                            AbToastUtil.showToast(MainActivity.this，
error.getMessage());

                    }

                    //进度
                    @Override
                    public void onProgress(int bytesWritten，int totalSize){
```

```
                        maxText.setText(bytesWritten/(totalSize / max)+"/"
+max);

mAbProgressBar.setProgress(bytesWritten/(totalSize/max));
                        }

                    // 完成后调用，失败、成功都要调用
                    public void onFinish(){
                        Log.d(TAG，"onFinish");
                        //下载完成取消进度框
                        if(mAlertDialog!＝null){
                            if(path!＝null){
                                FileUtils.delFile(path);
                            }
                            mAlertDialog.dismiss();
                            mAlertDialog＝null;


                        }
                    }
                });
                Log.e("pppp"，path +"");
                Log.e("cccc"，FileUtils.COPYPATH+"");
                Log.e("ffff"，FileUtils.COPYPATH +"/" + filename+"");


                break;
            case R.id.main_refresh：
                //显示进度框
                mDialogFragment＝AbDialogUtil.showLoadDialog(this，
R.mipmap.ic_load，"查询中，请等一小会");
                mDialogFragment.setAbDialogOnLoadListener(new
AbDialogFragment.AbDialogOnLoadListener(){
                    @Override
                    public void onLoad(){
                        //下载网络数据
                        list.clear();
```

```
                    refreshTask();
                }
        });
            break;
    case R.id.title_setup_histroy:
            intent＝new Intent(MainActivity.this, RecordActivity.class);
            startActivity(intent);
            break;
    default:
            break;
    }
}

/**
 * 双击返回键退出
 */
private long exitTime＝0;

@Override
public boolean onKeyDown(int keyCode, KeyEvent event){
    if(keyCode＝＝KeyEvent.KEYCODE_BACK && event.getAction()＝
＝KeyEvent.ACTION_DOWN){
        if((System.currentTimeMillis()-exitTime)>1500){
            Toast.makeText(getApplicationContext(), "再按一次退出程序",
Toast.LENGTH_SHORT).show();
            exitTime＝System.currentTimeMillis();
        }else{
            finish();
            System.exit(0);
        }
        return true;
    }
    return super.onKeyDown(keyCode, event);
}
```

```
private void Updata(){
    path＝mMyApplication.getPath();
    //filename＝mMyApplication.getFilename();
    Log.e("MainPath"，path +"");
    Log.e("MainFilename"，filename +"");
    Log.e("MainUID"，user_id +"");

    //已经在后台上传
    if (mAlertDialog!＝null){
        mAlertDialog.show(getFragmentManager()，"dialog");
        return;
    }

    AbRequestParams params＝new AbRequestParams();
    try{
        params.put("user_id"，user_id);
        Log.e("user_id"，user_id + "");
        //参数随便加，在 sd 卡根目录放图片
        File file1＝new File(path);
        //文件名称可能是中文
        params.put("userfile"，file1);
        Log.e("fiel1"，file1+"");
    } catch (Exception e){
        e.printStackTrace();
    }

    mAbHttpUtil.post(Constant.UPFILE，params，new
AbStringHttpResponseListener(){

        @Override
        public void onSuccess(int statusCode，String content){
            Log.e("statusCode"，statusCode +"");
            Log.e("content"，content+"");
            AbToastUtil.showToast(MainActivity.this，"文件上传成功");
```

```
        }

        //开始执行前
        @Override
        public void onStart(){
            Log.d(TAG，"onStart");
            //打开进度框
            View v＝
LayoutInflater.from(MainActivity.this).inflate(R.layout.progress_bar_horizontal，
null，false)；
            mAbProgressBar＝
(AbHorizontalProgressBar)v.findViewById(R.id.horizontalProgressBar);
            numberText＝
(TextView)v.findViewById(R.id.numberText);
            maxText＝
(TextView)v.findViewById(R.id.maxText);

            maxText.setText(progress+"/"+String.valueOf(max));
            mAbProgressBar.setMax(max);
            mAbProgressBar.setProgress(progress);

            mAlertDialog＝AbDialogUtil.showAlertDialog("正在上传",
v);
        }

        @Override
        public void onFailure(int statusCode，String content,
                            Throwable error){
            AbToastUtil.showToast(MainActivity.this,
error.getMessage())；
        }

        //进度
        @Override
        public void onProgress(int bytesWritten，int totalSize){
            maxText.setText(bytesWritten/(totalSize/max)+"/"+max);
```

```
            mAbProgressBar.setProgress(bytesWritten/(totalSize/max));
        }

        // 完成后调用，失败、成功都要调用
        public void onFinish(){
            Log.d(TAG，"onFinish");
            //下载完成取消进度框
            if(mAlertDialog!=null){
                mAlertDialog.dismiss();
                mAlertDialog=null；
            }
        }
    });
}


@Override
protected void onResume(){
    super.onResume();

    mMyApplication=(MyApplication)getApplication();
    user_id=mMyApplication.getUserId();
    filename=mMyApplication.getFilename();
    String show=mMyApplication.getShow();
//      String show=getIntent().getStringExtra("SHOW");
    if(show!=null){
        Log.e("show"，show + "");
        txtFile.setText(show);
        txtFile.setVisibility(View.VISIBLE);
        mainFile.setVisibility(View.VISIBLE);
        imgAdd.setVisibility(View.INVISIBLE);
        show=null;
        mMyApplication.setShow(show);
    }
  }
}
```

附录 B 后台端主要源码

mycontrols.php

```php
<?php
/**
 * 水保局上传 xls 文件控制器
 */
class Mycontrols extends MY_Controller
{
    //构造函数，直接调用父类的即可
    function __construct(){
        parent：：__construct();
    }
    /**
     * 上传文件的方法
     */
    public function  upload_files()
    {
        $response＝array('result'=>MSG_ERROR);
        if($this->input->post())
        {
                $post_data＝$this->input->post();
                $this->db->trans_start();
                $config['upload_path']＝APPPATH.ATTACHMENT_ROOT;
                $config['allowed_types']＝'*';
                $config['max_size']＝ '3000';
//              dump（$_FILES['userfile']）;
            /*取得扩展名，然后用随机字符串加时间命名并保存上传的文件*/
            $extension_name＝pathinfo($_FILES['userfile']['name'],
PATHINFO_EXTENSION);
                $real_name＝random_string('alpha'，10).time().'.'.$extension_name;
```

```
            $config['file_name']＝$real_name；
            $config['overwrite']＝TRUE；
            $this->load->library('upload', $config)；
//                        dump_exit($config)；
            If ( ! $this->upload->do_upload())
            {
                //Uploade failed
                $error        =array    ('error'        =>
$this->upload->display_errors())；
$response            =            array('result'=>MSG_ERROR,
'msg'=>$error)；
            $this->load->view('layout/ajax',
array('data'=>$response))；
                        return；
                }
                $user=$this->user_model->get($post_data['user_id'])；
                $postData_avatar=array(
                        'user_id'=>$post_data['user_id'],
                        'user_name'=>$user->first_name,
                        'driver_id'=>'1',
                        'path'=>str_replace('        '        ,            '_'        ,
$_FILES['userfile']['name']),
                        'real_name'=>$real_name,
                        'size'=>$_FILES['userfile']['size']
                )；

                $avatar_result                                            =
$this->upload_xml_model->insert($postData_avatar)；
                $this->db->trans_complete()；
            if($avatar_result)
            {
                $response=array('result'=>MSG_SUCCESS)；
            }
        }
        $this->load->view('layout/ajax',array('data'=>$response))；
```

```
}
/**
* App 登录的方法
*
**/
public function login(){
        /* 获取用户的输入 */
        $account=$this->input->get_post('username');
        $password=$this->input->get_post('password');
        $user=NULL；
        if ($account && $password){
                //登录检查的方法
//              $user=$this->user_model->login($account, $password);
                if($this->ion_auth->login($account，$password，TRUE) ==
TRUE)
{
                        $response=array(
                                'user_id'=>$this->ion_auth->get_user_id()，
                                'result'=>MSG_SUCCESS
                        );
                }else{
                //App 提交的工号或者密码不匹配
                  $response=array(
                        'msg'=>'输入的账户信息不对!',
                        'result'=>MSG_ERROR
        );
        }
        $this->load->view('layout/ajax'，array('data'=>$response));
        return；
    }
}
/**
* App 获取公共数据接口
```

```
*
*/
public function get_data()
{
    $user_id=$this->input->get_post('user_id');
    $page=$this->input->get_post('page');
    $data=$this->notification_model->get_all_by_branch(0，$page);
    $response=array(
            'result'=>MSG_ERROR，
            'msg'=>'数据获取失败'
);
if($data)
{
    $datas=array();
    foreach($data as $value)
    {
        $mydata= array(
                'title'=> $value->title，
                'introduction'=> $value->content，
                'datetime'=> $value->created_at，
                'picture_url'=> ''
        );
        if (!empty($value->upload)&& is_array($value->upload)){
            $mydata['picture_url']                                    =
site_url().'upload/'.$value->upload[0]->real_name；
            }
            $datas[]=$mydata；
        }
        $response=array(
                'result'=>MSG_SUCCESS，
                'data'=>$datas
        );
}
$this->load->view('layout/ajax'，array('data'=>$response));
```

```
}
}
?>
```

list_all.php

```
<!-- Main wrApper -->
<div class="content">
    <?php $this->load->view('layout/msg_block'); //加载消息现实模块 ?>
    <?php //$this->load->view('layout/order_search_cancel_block'); //加载消息现实
模块 ?>
    <div class="outer">
        <div class="inner">
                <div class="page-header"><!-- Page header -->
                    <h5>已上传的数据</h5>
                </div><!-- /page header -->
                <div class="body">
                    <!-- Content container -->
                    <div class="container">
                                <div class="row-fluid">
                                                <?php           echo
$pagination_links; ?>
                                </div>
                                <div class="row-fluid">
                                    <div class="span12">
                                        <div class="block well">
                                            <div class="navbar">
                                                <div
class="navbar-inner">
                                                        <h5>上传列表：共
找到<?php echo $total_number; ?>条结果</h5>
                                                </div>
                                            </div>
                                            <div class="table-overflow">
                                                <table      class="table
    table-bordered table-hover table-block">
                                                    <thead>
```

```html
                                                <tr>
                                                    <th>编号
</th>
                                                    <th>姓名
</th>
                                                    <th>文件名
</th>
                                                    <th>日期
</th>
                                                    <th>操作
</th>
                                                </tr>
                                            </thead>
                                            <tbody>
                                            <?php
                                                foreach
($orders as $key=>$value){
                                                    ?>
                                                    <tr>

<td><?php echo $value->id; ?></td>
                                                        <td>
                                                            <?php

echo $value->user_name；
                                                            ?>
                                                        </td>
                                                        <td>
                                                            <a
href="<?php echo site_url().'upload/'.$value->real_name；?>">
                                                            <?php

echo $value->path；
                                                            ?>
                                                        </a>
```

```
                                            </td>

<td><?php
                                                    echo
substr($value->created_at, 0,16);    ?></td>
                                        <td>
                                            <div
class="btn-group tooltips">
                                                    <a
href="<?php echo site_url('orders/remove/'.$value->id)?>" class="btn hovertip
confirm" data-placement="top" class="btn hovertip" data-original-title="删除数据
"><i class="icon-trash"></i></a>
                                            </div>
                                        </td>
                                    </tr>
                                    <?php
                                        }
                                    ?>
                                </tbody>
                            </table>
                        </div>
                    </div>
                </div>
            </div>
                        <div class="row-fluid">
                            <?php              echo
$pagination_links;    ?>
                        </div>
                </div>
            </div>
        </div>
</div>
            </div>
<!-- /main wrApper -->
notifications/list_all.php
```

```
<!-- Main wrApper -->
<div class="content">
        <?php $this->load->view('layout/msg_block'); //加载消息现实模块  ?>
        <?php //dump($questions); ?>
        <div class="outer">
                <div class="inner">
                        <div class="page-header"><!-- Page header -->
                          <h5>回执数据管理</h5>
                        </div><!-- /page header -->
                        <div class="body">
                          <!-- Content container -->
                          <div class="container">
                                        <div class="row-fluid">
                                                <?php          echo
$pagination_links; ?>
                                        </div>
                                        <div class="row-fluid">
                                          <div class="span12">
                                                <div class="block well">
                                                        <div class="navbar">
                                                              <div
class="navbar-inner">
                                                                <h5>数据列表
</h5>
                                                                <?php
                                                                if
($this->session->userdata('branch_id')==0){
                                                                ?>
                                                                <a
href="#add-notification-modal" class="btn btn-success" data-toggle="modal"><i
class="font-plus"></i>添加新数据</a>
                                                                <?php
                                                                }
                                                                ?>
                                                        </div>
```

```
                                        </div>
                                        <div class="table-overflow">
                                           <table          class="table
table-bordered table-hover table-block">
                                              <thead>
                                                 <tr>
                                                    <th>编号
</th>
                                                    <th>标题
</th>
                                                    <th>发布区域
</th>
                                                    <th>内容
</th>
                                                    <th>发布时间
</th>
                                                    <th>操作
</th>
                                                 </tr>
                                              </thead>
                                              <tbody>
                                              <?php
                                              foreach
($notifications as $key=>$value){
                                                 ?>
                                                 <tr>
                                                    <td
id="notification-type-<?php echo $value->id    ;    ?>"    data="<?php    echo
$value->id ;   ?>"><?php echo $value->id ;   ?></td>
                                                    <td
id="notification-name-<?php echo $value->id; ?>">
                                                       <?php

   echo $value->title；

                                                       ?>
```

```
                                                      </td>
                                                      <td
id="notification-branch-<?php echo $value->branch_id ;    ?>" data="<?php echo
$value->branch_id ;    ?>">
                                                            <?php
                                                            if
(isset($branches)&& is_array($branches)){
                                                                if
($value->branch_id==0){

    echo '全国';

    }else{

    foreach ($branches as $branch){

    if ($value->branch_id==$branch->id){

    echo $branch->name；

    break；

        }

}
                                                                  }
                                                                }
                                                                ?>
                                                            </td>
                                                            <td
id="notification-content-<?php echo $value->id; ?>">
                                                            <?php

    echo $value->content.'<br>';
```

```
                                                          if
( !empty($value->upload)){

   foreach ($value->upload as $key=> $upload){

      ?>

          <img class="driver-photo" alt="公告照片" src="<?php echo
site_url()?>upload/<?php echo $upload->real_name; ?>">

      <?php

}

                                                                }
                                                     ?>
                                                     </td>
                                                     <td
id="notification-created_at-<?php echo $value->id; ?>">
                                                        <?php
echo $value->created_at; ?>
                                                     </td>
                                                     <td>
                                                        <div
class="btn-group tooltips">
<?php
   if ( empty($value->upload)&& $this->session->userdata('branch_id')<1){

      ?>

      <a href="#add-notification-picture-modal" data-toggle="modal"

   target-notification="<?php echo $value->id; ?>"
```

```
class="btn hovertip add-notification-modal-trigger" data-placement="top"
class="btn hovertip" data-original-title="添加图片">

        <i class="icon-picture"></i>

</a>

        <?php

  }

    if ($this->session->userdata('branch_id')<1){

    ?>

    <a href="#modify-notification-modal" data-toggle="modal"

    target-notification="<?php echo $value->id; ?>"

    class="btn hovertip modify-notification-modal-trigger" data-placement="top"
class="btn hovertip" data-original-title="修改数据信息">

        <i class="icon-edit"></i>

</a>

<a href="<?php echo site_url('notifications/remove/'.$value->id)?>" class="btn
hovertip confirm" data-placement="top" class="btn hovertip" data-original-title="
删除数据"><i class="icon-trash"></i></a>

    <?php

    }

                                                                    ?>
```

```
                                        </div>
                                    </td>
                                </tr>
                                <?php
                            }
                        ?>
                    </tbody>
                </table>
            </div>
        </div>
    </div>
</div>
            <div class="row-fluid">
                <?php                echo
$pagination_links ;    ?>
            </div>
        </div>
    </div>
</div>
<!-- /main wrApper -->
<!-- 上传题目照片部分开始 -->
<div id="add-notification-picture-modal" class="modal hide fade" tabindex="-1"
role="dialog" aria-labelledby="myModalLabel" aria-hidden="true">
    <form class="form-horizontal" method="post" action="<?php echo
site_url('notifications/attach_file')?>" enctype="multipart/form-data">
        <div class="modal-header">
            <button type="button" class="close" data-dismiss="modal"
aria-hidden="true">&times; </button>
            <h5 id="notification-upload-modalLabel">请选择一张需要放在
内容中的照片</h5>
        </div>
        <div class="modal-body">
            <input     type="hidden" name="notification_id" value=""
id="notification-upload-picture-modal-notification-id">
```

```
                    <input          type="hidden"          name="redirect_to"
value="notifications/list_all">
                    <div class="row-fluid">
                        <div class="control-group">
                            <label class="control-label">照片文件：</label>
                            <div class="controls">
                                <input name="userfile" type="file"
class="style" accept=".gif , .jpg , .png , .jpeg"/>
                            </div>
                        </div>
                    </div>
    </div>
    <div class="modal-footer">
            <button class="btn" data-dismiss="modal">关闭</button>
            <button class="btn btn-primary">开始上传</button>
    </div>
    </form>
</div>
<!-- 上传题目照片部分结束 -->
<!-- 修改一个城市的表单开始 -->
<div   id="modify-notification-modal"   class="modal hide fade"   tabindex="-1"
role=" dialog" aria-labelledby=" myModalLabel" aria-hidden="true">
    <form class="form-horizontal" method="post" action="<?php echo
site_url('notifications/update')?>">
            <input          type="hidden"      name="id"        value=""
id="target-notification-id-input" >
        <div class="modal-header">
                <button   type="button"   class="close"   data-dismiss="modal"
aria-hidden="true">&times; </button>
                <h5>修改数据信息</h5>
        </div>
        <div class="modal-body">
            <div class="row-fluid">
                <div class="row-fluid">
```

```
                    <div class="control-group">
                                <label
class="control-label">标题</label>
                                    <div class="controls">
                                    <input
id="target-notification-title-input" class="span12" type="text" name="title"
placeholder="公告名称">
                                </div>
                    </div>
                    <div class="control-group">
                        <label class="control-label">内容</label>
                            <div class="controls">
                                <textarea
id="target-notification-content-input"  name="content"  rows="10"  cols="16"
style="float： left；width：100%；"></textarea>
                            </div>
                    </div>
                </div>
            </div>
    </div>
    <div class="modal-footer">
            <button class="btn" data-dismiss="modal">关闭</button>
            <button class="btn btn-primary">确认修改</button>
    </div>
    </form>
</div>
<!-- 结束 -->
<!-- 添加一个城市的表单开始 -->
<div id="add-notification-modal" class="modal hide fade" tabindex="-1"
role="dialog" aria-labelledby="myModalLabel" aria-hidden="true">
    <form class="form-horizontal" method="post" action="<?php echo
site_url('notifications/add')?>">
        <div class="modal-header">
            <button  type="button"  class="close"  data-dismiss="modal"
aria-hidden="true">&times；</button>
```

```
                <h5>添加数据</h5>
        </div>
        <div class="modal-body">
                <div class="row-fluid">
                        <div class="control-group">
                                        <label    class="control-label">
标题</label>
                                        <div class="controls">
                                                <input      class="span12"
type="text" name="title" placeholder="标题">
                                        </div>
                        </div>
                        <div class="control-group">
                                        <label    class="control-label">
内容</label>
                                        <div class="controls">
                                                <textarea    name="content"
rows="10" cols="16" style="float : left；width :100%；">在这里输入内容
</textarea>
                                        </div>
                        </div>
                </div>
        </div>
        <div class="modal-footer">
                <button class="btn" data-dismiss="modal">关闭</button>
                <button class="btn btn-primary">确认添加</button>
        </div>
    </form>
</div>
<!-- 结束 -->
```

后　记

　　水是生命的摇篮,任何生命活动都离不开水的参与。在人类发展的历史上,我们的祖先一直傍水而居,水不但孕育了生命,而且直接关系人类的生存和发展。随着工农业的飞速发展,世界上大多数湖泊和河流及城市内的小型景观水体因受到污染无法被人类直接利用,更加剧了水资源的危机。水体污染的主要来源比较复杂,造成污染的原因也是多方面的。

　　水利部印发《关于加强省界缓冲区水资源保护和管理工作的通知》,明确了流域水资源保护机构在省界缓冲区水资源保护方面的职责,并对相关工作提出了明确要求。松辽流域水资源保护局对嫩江干流省界缓冲区监督管理目标和任务进一步梳理,并着手开展相关监测工作。嫩江干流省界缓冲区很多处于偏远地区,交通不便。省界缓冲区固有的跨省级边界的复杂性,加大了管理的难度,嫩江流域地域广大,受交通条件和采样条件制约,局限于流域机构现有的人力、物力条件,嫩江流域全部省界断面直接由流域机构监测还十分困难。嫩江流域省界缓冲区监测工作现已全面开展,结合嫩江流域开展的自动监测工作,根据嫩江流域省界缓冲区监管工作开展的实际需要,亟须构建物联网设计水环境自动监测系统,以服务于省界缓冲区监督管理工作。

　　尽可能以较少的断面获取足够的水系环境信息,加强对水环境的优先监测分析,从水功能区的划分、典型污染种类及数量的动态变化等几方面入手,科学合理地选取水质监测数据。除对主要超标项目如总磷、化学需氧量、氨氮等常规监测外,还应增加一些有机污染监测指标,而对一些在标准指标下或者长时间没有监测出问题的项目,可以适当减少监测次数。水生生物是生态环境的重要组成部分,直接反映环境变化对河湖健康的危害程度。理化指标的监测只能在特定条件下检测水环境中污染物的类别和含量,而生物监测可以反映多种污染物在自然条件下对生物的综合影响。在进行水质监测的时候,可以对多种监测方式进行有机的结合,例如将污染源监控、人工监测及自动监测等方法综合使用。样品的运输与保存会受季节温度、地域等因素的影响而造成样品的挥发、变质等一系列问题,进而对实验结果产生影响。可以根据监测项目随时间的衰减情况,对实验结果进行一定修正。为提高嫩江干流水环境管理水平,规范水环境监测质量管理,必须保障水质监测数据和信息的准确可靠。结合嫩江流域水环境监测中心的质量管理经验,提高水环境实验室监测信息的质量控制水平,构建嫩江干流典型缓冲区实验室质量管理体系。质量保证涉及多个方面,如样品的采集,在选择好监测断面的基础上,要确保实验操作规范以提高样品的代表性;还有数据的分析,可依据当地环境及水质特点,综合应用单因子评价法、污染指数法、模糊评价法、灰色评价法、主成分分析法对水质数据进行分析。

　　本书已经是松辽流域水资源保护丛书的第五本，主要是对水利部948项目"水生态风险监控系统技术引进"（201416）的总结。熟悉科学研究的人应当都知道"十年法则"，如果要在某一个领域有所成就，至少要努力十年，即"十年磨一剑"，尼尔基水库从建成到今年已经整整十年了。在写完本书的时候，正逢2016年"世界水日"和"中国水周"活动，宣传主题为"落实五大发展理念，推进最严格水资源管理"。希望本书的工作总结能够为推进松辽流域水资源保护提供帮助。

彩　　图

图 2-6　嫩江干流典型省界缓冲区断面分布

图 4-1　嫩江流域典型区

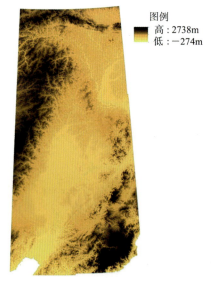

图 5-8　SRTM DEM 高程数据

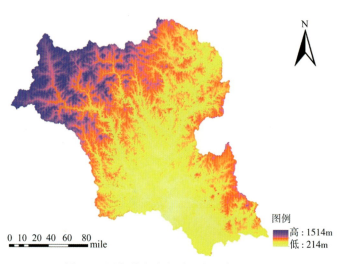

图 5-9　尼尔基水库上游汇水区高程图

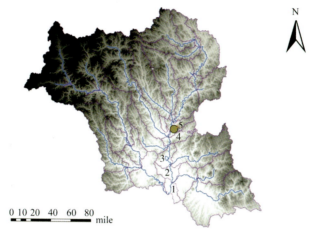

图 5-10 各支流汇水区划分

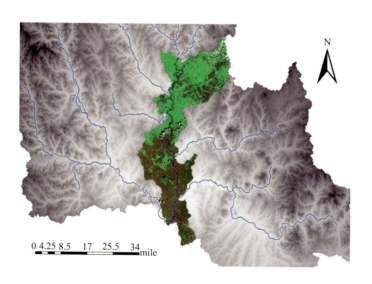

图 5-11 干流汇水区内卫星遥感图片

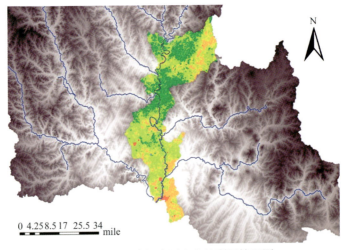

图 5-12 干流汇水区内土地利用情况图

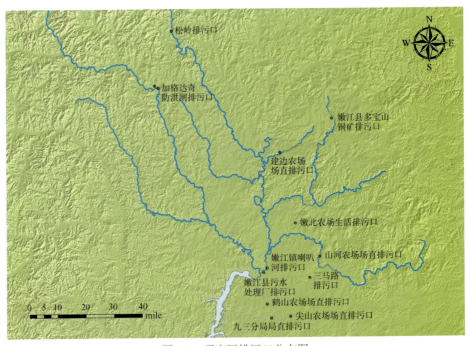

图 7-2 研究区排污口分布图

图 7-8　嫩江上游示范区排污口分布图

图 7-9　研究范围

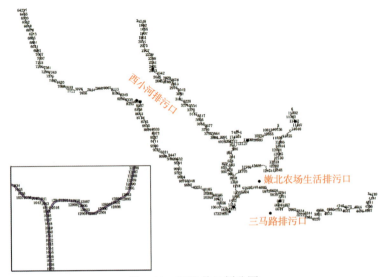

图 7-10 河段单元划分图

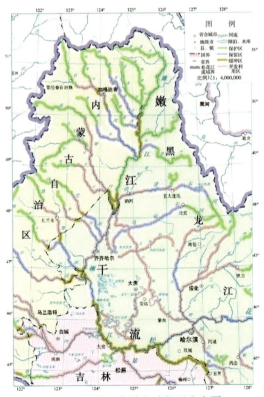

图 7-11 嫩江流域水功能区分布图

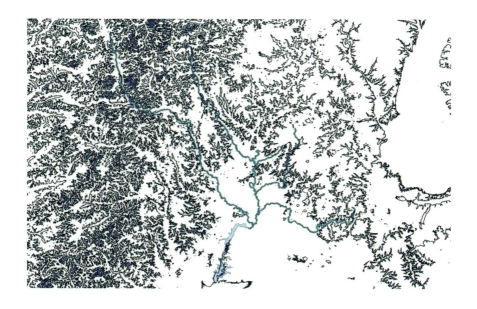

图 7-12　研究区等高线图

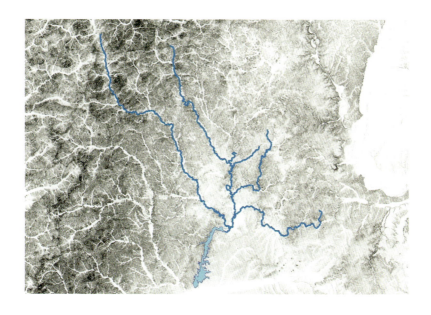

图 7-13　研究区坡度图

图 7-14　研究区遥感影像

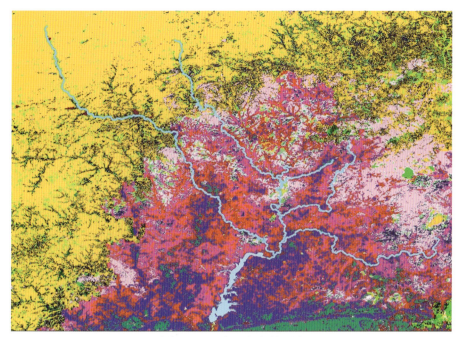

图 7-15　研究区土地利用图

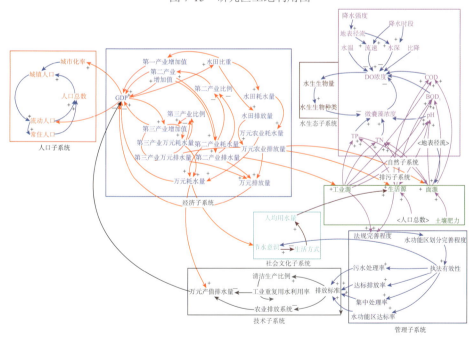

图 8-1　系统动力学子系统划分

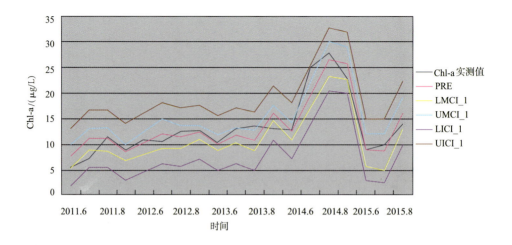

图 9-9　Chl-a 实际值与预测值拟合曲线图

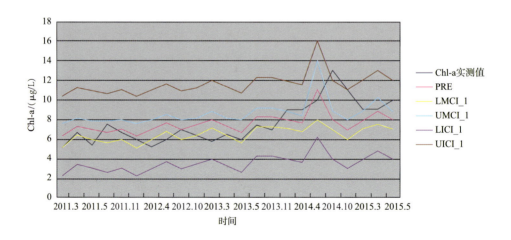

图 9-10　Chl-a 实际值与预测值拟合曲线图